GUIDE

DE

MANIPULATIONS CHIMIQUES

ÉLÉMENTAIRES

Sur les Métalloïdes

par F. R.

39
42

PRIX : 1 fr. 75

Pensionnat Saint-Louis, rue Désirée 22
SAINT-ÉTIENNE (Loire)
1892

GUIDE

DE

MANIPULATIONS CHIMIQUES

ÉLÉMENTAIRES

Sur les Métalloïdes

par F. R.

Prix : 1 fr. 75

Pensionnat Saint-Louis, rue Désirée 22

SAINT-ÉTIENNE (Loire)

1892

AVERTISSEMENT

Cet opuscule, destiné aux élèves, a pour but de signaler les principales expériences qui se rapportent à l'étude des métalloïdes ; il n'indique que celles qui peuvent se faire sans danger, qui ne demandent pas trop de temps et qui ne nécessitent pas des appareils trop compliqués ; il fait connaître les précautions à prendre pour que ces expériences réussissent et il résume chaque réaction par son équation, écrite d'abord dans le système des équivalents, puis dans le système atomique.

Quand une expérience a pour objet de mettre une réaction en évidence et non de préparer une certaine quantité d'un corps, on doit opérer sur quelques parcelles de matières : les réactions étant pour la plupart très sensibles.

Un autre ouvrage signale les diverses expériences simples se rapportant à l'étude des métaux.

GUIDE

DE

MANIPULATIONS CHIMIQUES

Élémentaires

PRÉLIMINAIRES

§ Ier. — LISTE DES OBJETS NÉCESSAIRES.

1 bec de Bunsen ou une lampe à alcool.
2 petits ballons de 150 à 200 grammes.
4 tubes à essai.
2 éprouvettes.
2 verres à pied : un petit et un grand.
1 cuvette servant de cuve à eau.
2 plaques de verre servant d'obturateurs.
4 flacons vides avec bouchons.
1 gazomètre.
1 entonnoir en verre.
2 agitateurs.
1 godet en porcelaine.
1 mortier en verre et son pilon.
1 capsule en porcelaine.
1 assiette.
1 pince en fer.
1 pince en bois.
1 tube droit en verre.
1 tube effilé avec bouchon.
1 tube simplement recourbé avec bouchon.
1 tube doublement recourbé.
1 tube à recueillir les gaz.
1 coupelle en tôle.
1 fil de platine.
1 cuiller en fer recourbée, fixée à un bouchon.
2 fils de fer recourbés en crochet et traversant un
   bouchon.

1 pissette.
2 têts à rôtir.
1 trépied avec toile métallique.

N. B. — *Chaque élève doit avoir une boîte renfermant tous ces objets, ainsi que les substances nécessaires pour exécuter les diverses expériences.*

§ II. — DESCRIPTION DES PRINCIPAUX OBJETS ET MANIÈRE DE S'EN SERVIR

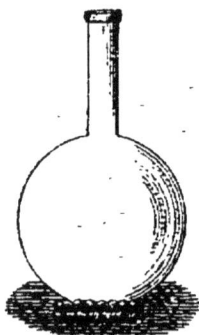

Les ballons *(fig. 1)*, servent surtout pour préparer les gaz. Lorsque la réaction doit avoir lieu à froid, il suffit de mettre le ballon dans lequel se fait la préparation, en communication avec le gazomètre, au moyen d'un tube simplement recourbé.

Lorsque la réaction doit avoir lieu à chaud, on saisit le ballon par le col avec la pince en bois, on le porte sur la partie chaude de la flamme du bec de Bunsen ou de la lampe à alcool (c'est la partie supérieure de la flamme) ; on agite un peu, afin que ce ne soit pas toujours la même partie du ballon qui reçoive la chaleur.

Fig.1

Il faut, dans les deux cas, avant de boucher le ballon, laisser le dégagement se produire pendant quelques instants, afin que l'air qu'il contient puisse s'échapper.

Lorsqu'on veut récolter directement le gaz sur la cuve à eau, on a soin d'adapter au ballon le tube dit *tube à gaz*, dont on fait plonger l'extrémité dans la cuvette aux trois quarts remplie d'eau.

Si l'on doit faire agir à chaud un liquide sur un solide insoluble, il faut, avant de chauffer, agiter quelques instants, afin que le liquide mouille les parois du ballon avec lesquelles le mélange est en contact.

Lorsque l'opération est finie, il faut avoir soin d'interrompre la communication entre la cuve à eau et le ballon avant de cesser de chauffer celui-ci, autrement, la pression intérieure diminuant, la pression atmosphérique ferait monter une partie de l'eau de la cuve dans le ballon, ce qui pourrait produire une explosion dangereuse, surtout si de l'acide sulfurique entrait dans la réaction. Quand ce phénomène se produit, on dit qu'il y a *absorption*.

2° TUBES A ESSAI

Les tubes à essai *(fig. 2)* servent à produire les réactions qui n'exigent que de petites quantités de matières.

Afin d'éviter la rupture, il faut les chauffer doucement en les promenant lentement dans la flamme du bec de Bunsen ou de la lampe à alcool, surtout s'ils contiennent des corps solides. On les tient avec la pince en bois.

Fig.2

3° ENTONNOIR
ET PAPIER A FILTRE

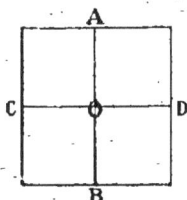

Ces appareils servent à filtrer une liqueur tenant en suspension un corps insoluble.

Fig.3

L'entonnoir étant placé sur un flacon ou sur une éprouvette, on plie en quatre, suivant A B et C D *(fig. 3)*, un carré de papier à filtre, que l'on dispose dans l'entonnoir la pointe O en bas et l'une des faces écartée *(fig. 4)*. Lorsque le précipité qui reste sur le filtre doit être lavé, on l'arrose au moyen de la *pissette*.

4° GAZOMÈTRE

Fig.4

Le gazomètre est destiné à recueillir et à conserver les gaz que l'on veut obtenir en quantité un peu considérable.

Description. — Le gazomètre *(fig. 5)* se compose de deux flacons d'environ un litre de capacité. L'un M, constitue le gazomètre proprement dit, l'autre N, le réservoir à eau.

Le flacon M est fermé solidement et hermétiquement par un bouchon, que traversent deux tubes A et B, recourbés à angle droit à la partie supérieure; le tube A pénètre jusqu'à la partie inférieure du flacon; le tube B n'arrive qu'à la partie supérieure.

Le flacon N, un peu plus grand que le premier, est fermé par un bouchon traversé aussi par deux tubes, C et D, recourbés à leur partie supérieure, le tube C à angle droit, le tube D sous un angle obtus; le tube C plonge jusqu'à la partie inférieure du flacon, le tube D ne pénètre qu'à la partie supérieure.

Manière de se servir de l'appareil. — Pour préparer le gazomètre, on remplit d'eau le flacon N, puis on établit la communication entre M et N au moyen d'un tube en caoutchouc reliant le tube C au tube A *(fig.6)*; puis on souffle en D avec la bouche; l'air comprimé chasse l'eau de N en M. Lorsque le flacon M est plein d'eau, il faut surélever

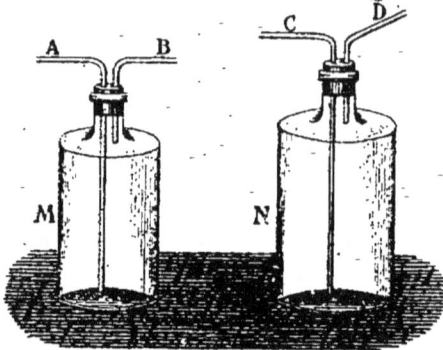
Fig. 5.

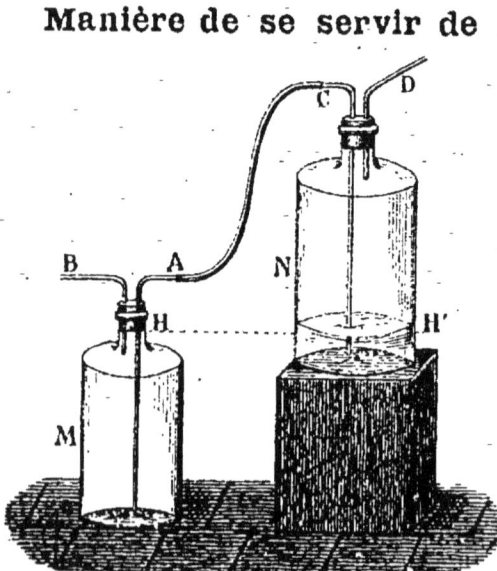
Fig. 6.

le flacon N, de manière que lesniveaux soient sur
un même plan horizontal H H'; sans quoi l'appareil fonctionnerait comme un siphon, et l'eau de M
reviendrait en N. L'appareil est ainsi prêt à fonc-
tionner. Pour recueillir un gaz, on fait communiquer
le ballon dans lequel se fait la préparation, avec
le tube B du gazomètre. On a eu soin de laisser
les premières parties du gaz se dégager dans
l'atmosphère, afin que l'air contenu dans le ballon
ait le temps de s'échapper. On a préalablement
surélevé le flacon M *(fig. 7)*; le siphon fonctionne
alors de M en N; il facilite l'écoulement de l'eau
et, par conséquent, diminue la pression intérieure
dans le ballon et dans le flacon M. Lorsque
le niveau R S est descendu jusqu'au voisinage
de P, on détache le ballon et l'on plonge l'extrémité
du tube en caoutchouc B dans une cuvette aux

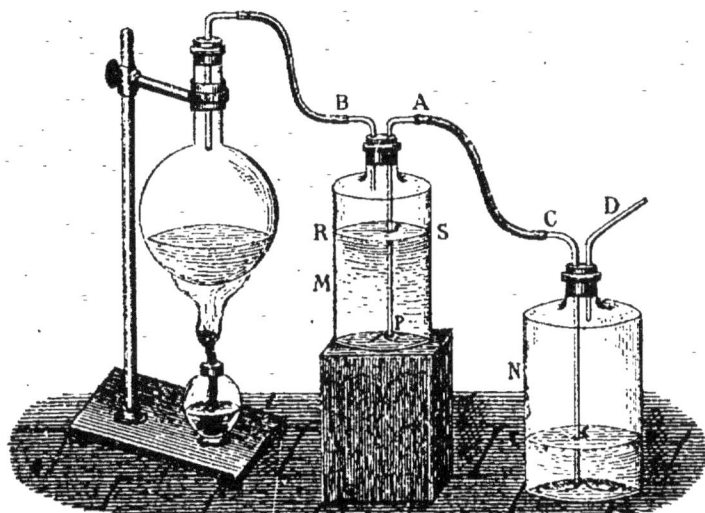

Fig. 7.

trois quarts remplie d'eau, en ayant soin de maintenir
les niveaux R S et E F sur un même plan horizontal.

Pour récolter le gaz, il suffit de mettre, dans la
cuvette, une éprouvette pleine d'eau et renversée
à l'extrémité du tube B et de souffler par le tube D;

l'eau passe alors de N en M et chasse le gaz dans l'éprouvette (fig. 8).

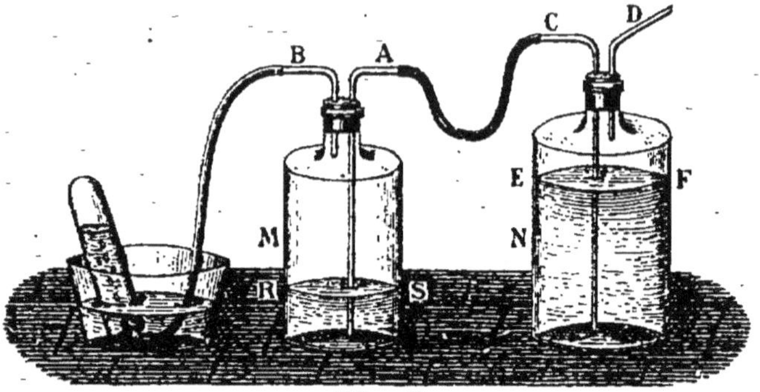

Fig. 8.

Si l'on veut conserver le gaz un certain temps, il suffit de fermer l'extrémité du tube B avec un agitateur et de mettre les deux niveaux R S et E F dans un même plan horizontal.

N. B. — On peut construire un gazomètre plus simple que celui qui vient d'être décrit, en supprimant le flacon N et terminant le tube A du flacon M par un entonnoir, qui sert à introduire l'eau dans le gazomètre, lorsque l'on veut récolter le gaz qu'il contient.

§ III. — INDICATION GÉNÉRALE

Lorsqu'une expérience est terminée, il faut nettoyer avec soin les appareils qui ont servi à la faire ; des traces de résidu restant attachées aux ballons, aux tubes à essai, etc., suffiraient souvent pour fausser les résultats des réactions subséquentes.

ÉTUDE DES MÉTALLOÏDES

CHLORE. (Cl = 35,50. Densité = 2,45)

Préparations. — 1° *Par le chlorure de sodium, le bioxyde de manganèse et l'acide sulfurique.* — On introduit, dans un tube à essai, une pincée de chlorure de sodium, une pincée de bioxyde de manganèse et quelques gouttes d'acide sulfurique, puis on chauffe avec précaution ; on constate un dégagement de chlore à son odeur particulière et à sa couleur jaune verdâtre. Réaction :

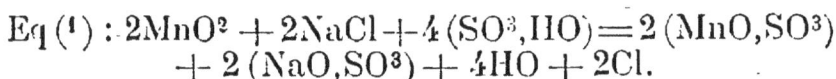

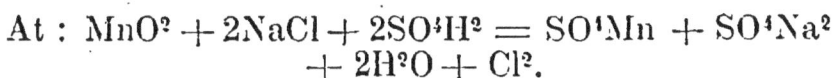

$$Eq\ (^1): 2MnO^2 + 2NaCl + 4(SO^3,HO) = 2(MnO,SO^3) + 2(NaO,SO^3) + 4HO + 2Cl.$$

$$At: MnO^2 + 2NaCl + 2SO^4H^2 = SO^4Mn + SO^4Na^2 + 2H^2O + Cl^2.$$

2° *Par le bichromate de potasse et l'acide chlorhydrique.* — On met dans un tube à essai quelques petits cristaux de bichromate de potasse et quelques gouttes d'acide chlorhydrique, puis on chauffe ; il se dégage du chlore reconnaissable à son odeur et à sa couleur caractéristiques. Réaction :

$$Eq: KO,2CrO^3 + 7HCl = KCl + Cr^2Cl^3 + 7HO + 3Cl$$

$$At: Cr^2O^7K^3 + 14HCl = 2KCl + Cr^2Cl^6 + 7H^2O + 3Cl^2$$

3° *Par le bioxyde de manganèse et l'acide chlorhydrique.* — On introduit dans un ballon du bioxyde de manganèse et de l'acide chlorhydrique, de manière que le bioxyde baigne bien dans l'acide ; on a soin d'agiter un peu, afin que les parois en contact avec le bioxyde soient mouillées par l'acide ; on ferme

---

(1) Les réactions en équivalents sont intitulées Eq ; les réactions atomiques, At.

ensuite avec un bouchon portant un tube doublement recourbé, dont on fait plonger l'extrémité au fond d'une éprouvette ou d'un petit flacon à large goulot ; puis on chauffe.

A cause de sa grande densité, le gaz chlore, à mesure qu'il se dégage, chasse l'air du récipient ; on reconnait que le récipient est plein, lorsqu'il parait jaune verdâtre jusqu'à sa partie supérieure.

On pourrait remplir ainsi cinq éprouvettes, ou trois flacons et deux éprouvettes, en ayant soin de les fermer ensuite par des obturateurs en verre.

Le gaz ainsi recueilli servira à faire les expériences indiquées ci-dessous. Réaction :

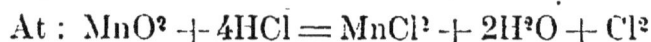

$$\text{Eq} : MnO^2 + 2HCl = MnCl + 2HO + Cl$$

$$\text{At} : MnO^2 + 4HCl = MnCl^2 + 2H^2O + Cl^2$$

Dissolution. — Lorsqu'on a récolté la quantité de chlore suffisante pour les expériences, on fait immédiatement sa solution en plongeant, dans un flacon aux trois quarts rempli d'eau, l'extrémité du tube à dégagement de l'appareil précédent ; de temps en temps, on retire le tube du flacon, on bouche ce dernier avec le doigt et on l'agite quelques instants, afin de dissoudre le chlore, qui s'est accumulé à la partie supérieure. (Avoir soin de continuer à chauffer le ballon, afin d'éviter l'absorption).

La dissolution est terminée, lorsqu'elle répand une forte odeur de chlore après agitation. On bouche ensuite le flacon et on le conserve à l'abri de la lumière.

PROPRIÉTÉS DU CHLORE. — On a déjà constaté sa couleur et son odeur.

Combustions. — 1° Du Phosphore. — On met un petit morceau de phosphore dans une cuiller en fer, fixée à un bouchon ; puis on la plonge dans un flacon plein de chlore ; le phosphore prend feu spontanément et donne du chlorure de phosphore.

2° De l'Arsenic. — Dans une éprouvette de chlore, on projette par petites pincées de l'arsenic que l'on a eu soin de piler préalablement ; il prend feu spontanément et brûle avec une flamme brillante en donnant des vapeurs de chlorure d'arsenic.

3° De l'Antimoine. — On opère comme pour l'arsenic ; l'antimoine prend aussi feu spontanément et donne du chlorure d'antimoine.

4° Du Cuivre. — On chauffe au rouge un morceau de tournure de cuivre, en le tenant dans la flamme du bec de Bunsen au moyen de la pince en fer ; puis on le plonge rapidement dans une éprouvette de chlore : il y brûle en donnant du chlorure de cuivre.

Si l'on chauffe de nouveau le morceau de cuivre qui a échappé à l'action du chlore, il colore en vert la flamme du bec de Bunsen ; cette coloration est due au chlorure de cuivre qui est resté adhérent.

On rince ensuite, avec un peu d'eau, l'éprouvette dans laquelle a eu lieu la combustion ; cette eau dissout le chlorure de cuivre formé et prend une teinte verdâtre ; cette solution, traitée par quelques gouttes d'ammoniaque, donne une liqueur d'un bleu magnifique : c'est l'eau céleste caractéristique des sels de cuivre.

5° Du Fer. — On opère comme pour le cuivre en employant un fil de fer. Il se forme du perchlorure de fer. Si l'on rince l'éprouvette dans laquelle a eu lieu la combustion et que l'on traite la solution ainsi obtenue par le prussiate jaune, on obtient un précipité bleu, caractéristique des sels ferriques.

Décolorations produites par le chlore. —

1° Du Tournesol. — On verse quelques gouttes de tournesol dans une éprouvette de chlore, puis on agite quelques instants : le tournesol est décoloré.

2° Des Violettes. — On plonge des violettes dans une éprouvette de chlore, elles ne tardent pas à être décolorées.

3º De l'Encre. — Si l'on introduit dans une éprouvette de chlore une feuille de papier sur laquelle on a écrit avec de l'encre ordinaire, les caractères ne tardent pas à disparaître pourvu que le papier ait été préalablement mouillé.

Remarque. — Ces décolorations peuvent se faire au moyen de la dissolution de chlore.

Le chlore est un oxydant énergique. — On met cette propriété en évidence en le faisant agir sur une solution d'un sel de protoxyde de fer qu'il fait passer à l'état de sel de sesquioxyde.

Dans un tube à essai aux trois quarts rempli d'eau, on dissout un petit cristal de sulfate de protoxyde de fer, et après avoir mis la moitié de cette dissolution dans un autre tube à essai, on verse dans la solution que contient le premier tube quelques gouttes de dissolution de chlore, puis on traite le contenu des deux tubes par le prussiate jaune : dans le premier tube on obtient un précipité bleu intense; c'est le bleu de Prusse, caractéristique des sels de sesquioxyde de fer; dans l'autre tube on obtient un précipité bleu blanchâtre, caractéristique des sels de protoxyde de fer; donc le chlore a fait passer le sulfate de protoxyde de fer à l'état de sel de sesquioxyde.

Caractères principaux des chlorures. — 1º Dégagement du Chlore. — On met dans un tube à essai une pincée de chlorure de sodium avec une pincée de bioxyde de manganèse et quelques gouttes d'acide sulfurique, puis on chauffe : il se dégage du chlore que l'on reconnait à sa couleur et à son odeur. (Réaction de la première préparation indiquée plus haut).

2º Précipité par l'Azotate d'argent. — On fait dissoudre un petit fragment de chlorure de sodium dans un tube à essai contenant de l'eau jusqu'au quart de sa hauteur, puis on traite cette solution par quelques gouttes d'une solution d'azotate d'argent. On obtient un précipité blanc, *cailleboté*, de chlorure d'argent noircissant à la longue lorsqu'il est exposé à la lumière ; si l'on ajoute ensuite quelques gouttes d'ammoniaque, le précipité disparait ; le chlorure d'argent est donc soluble dans l'ammoniaque, ce qui le distingue de l'iodure d'argent. L'hyposulfite de soude produit le même effet que l'ammoniaque.

Caractères principaux des chlorates. — 1° On projette, par petites pincées, du chlorate de potasse sur un fragment de charbon de bois, que l'on a préalablement allumé en le tenant dans la flamme du bec de Bunsen : le sel *fuse* en produisant une flamme violacée.

2° On verse quelques gouttes d'acide sulfurique sur une pincée de chlorate de potasse que l'on a mise, soit sur une assiette, soit sur un fragment de ballon, légèrement chauffés : le sel se décompose en produisant de petites détonations et il se dégage des vapeurs rougeâtres dont l'odeur rappelle celle du chlore : c'est l'acide hypochlorique.

3° On mélange, sur une assiette, parties égales de chlorate de potasse et de sucre pilé ; puis on touche ce mélange avec l'extrémité d'un agitateur trempée dans l'acide sulfurique : immédiatement il prend feu et brûle avec une flamme blanche en produisant beaucoup de fumée.

ACIDE CHLORHYDRIQUE (HCl. d. = 1,247.)

Couleur. — L'acide pur en dissolution est incolore ; l'acide du commerce est coloré en jaune par le chlorure de fer qu'il contient.

Constatation des impuretés que contient l'acide du commerce. — 1° *Fer.* — Si l'on verse un peu d'acide chlorhydrique du commerce dans un tube à essai, puis qu'on le traite par quelques gouttes de prussiate jaune, on obtient un précipité bleu qui indique la présence d'un sel de fer.

2° *Acide sulfurique.* — On traite l'acide chlorhydrique contenu dans un tube à essai, par quelques gouttes d'une dissolution de chlorure de baryum : il se forme un précipité blanc abondant de sulfate de baryte.

Préparation du gaz chlorhydrique. — On chauffe légèrement dans un ballon ou dans un tube à essai quelques fragments de chlorure de sodium (sel de cuisine) avec un peu d'acide sulfurique. Réaction :

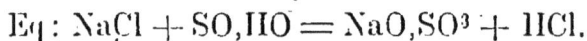

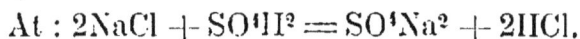

$$Eq : NaCl + SO,HO = NaO,SO^3 + HCl.$$

$$At : 2NaCl + SO^4H^2 = SO^4Na^2 + 2HCl.$$

PROPRIÉTÉS DU GAZ CHLORHYDRIQUE. Le gaz qui se dégage est l'acide chlorhydrique ; il est fumant ; cela tient à ce qu'il absorbe la vapeur d'eau de l'atmosphère ; il a une odeur piquante ; il rougit un papier de tournesol que l'on présente à l'ouverture du tube à essai, ou du ballon dans lequel on fait la préparation. Il est très soluble dans l'eau : pour le constater, on renverse, sur une cuvette contenant de l'eau, le tube ou le ballon qui a servi dans la préparation ci-dessus, de manière que l'ouverture plonge dans le liquide. L'acide chlorhydrique se dissout rapidement et l'eau monte dans l'appareil.

PROPRIÉTÉS DE LA DISSOLUTION. — **Saveur.** — Cette saveur est aigre. Pour le constater, on goûte le liquide que l'on obtient en versant deux ou trois gouttes d'acide chlorhydrique dans un verre à expériences, plein d'eau. (Avoir soin de rejeter le liquide ainsi absorbé).

Actions sur le Zinc — On introduit quelques morceaux de grenaille de zinc dans un tube à essai et l'on y verse quelques gouttes d'acide chlorhydrique ;

il se passe une réaction très vive : l'hydrogène se dégage ; on peut l'enflammer à l'ouverture du tube. Réaction :

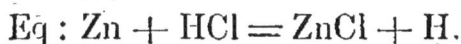

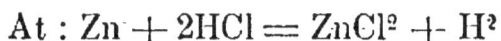

$$Eq : Zn + HCl = ZnCl + H.$$

$$At : Zn + 2HCl = ZnCl^2 + H^2$$

Action sur le Fer. — On agit comme pour le zinc ; il se dégage aussi de l'hydrogène. Réaction :

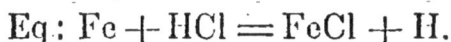

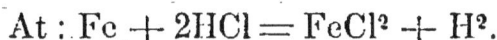

$$Eq : Fe + HCl = FeCl + H.$$

$$At : Fe + 2HCl = FeCl^2 + H^2.$$

On met en évidence la formation du protochlorure de fer en traitant le résidu par le prussiate jaune, qui donne un précipité bleu blanchâtre, caractéristique des sels de protoxyde de fer.

Action sur le Sesquioxyde de fer. — On opère comme pour les précédents ; mais il faut de plus faire bouillir pendant quelques instants, puis filtrer. Réaction :

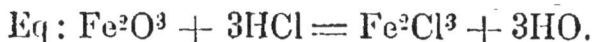

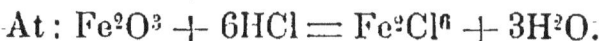

$$Eq : Fe^2O^3 + 3HCl = Fe^2Cl^3 + 3HO.$$

$$At : Fe^2O^3 + 6HCl = Fe^2Cl^6 + 3H^2O.$$

On met en évidence la formation du perchlorure de fer en traitant par le prussiate jaune le liquide filtré ; on obtient un précipité de bleu de Prusse caractéristique.

Action sur l'Ammoniaque. — Lorsque l'on met en présence le bouchon du flacon à acide chlorhydrique et celui du flacon à solution ammoniacale, il se produit d'abondantes fumées blanches de chlorhydrate d'ammoniaque. Réaction :

$$AzH^3 + HCl = AzH^4Cl.$$

On peut aussi promener devant le goulot du flacon contenant l'ammoniaque, un agitateur préalablement trempé dans l'acide chlorhydrique : des fumées abondantes se forment autour de l'agitateur.

Action sur le Sulfure de fer — On traite, dans un tube à essai, une pincée de protosulfure de fer par quelques gouttes d'acide chlorhydrique. Réaction :

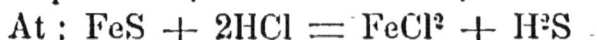

$$Eq : FeS + HCl = FeCl + HS$$
$$At : FeS + 2HCl = FeCl^2 + H^2S$$

Il se dégage de l'acide sulfhydrique que l'on reconnaît à son odeur d'œufs pourris ; le résidu est formé de protochlorure de fer que l'on peut reconnaître en le traitant par le prussiate jaune, comme ci-dessus. (Voir action sur le fer, page 17).

Action sur la Craie. — On traite, dans un tube à essai, un petit morceau de craie (carbonate de chaux) par quelques gouttes d'acide chlorhydrique : une vive réaction se produit :

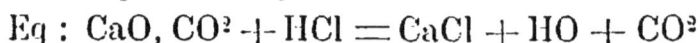

$$Eq : CaO, CO^2 + HCl = CaCl + HO + CO^2$$
$$At : CO^3Ca + 2 HCl = CaCl^2 + H^2O + CO^2$$

Il se dégage de l'acide carbonique, qui éteint une allumette enflammée.

BROME. (Br = 80, d = 3,18)

Préparation. — On chauffe dans un tube à essai quelques petits cristaux de bromure de potassium avec une pincée de bioxyde de manganèse et quelques gouttes d'acide sulfurique : il se dégage des vapeurs rougeâtres de brome dont l'odeur rappelle celle du chlore. Réaction :

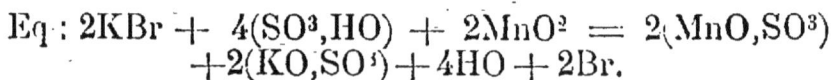

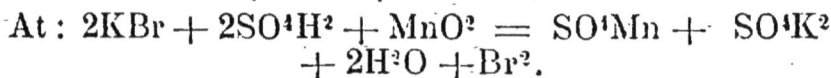

$$Eq : 2KBr + 4(SO^3,HO) + 2MnO^2 = 2(MnO,SO^3)$$
$$+2(KO,SO^3)+4HO+2Br.$$

$$At : 2KBr + 2SO^4H^2 + MnO^2 = SO^4Mn + SO^4K^2$$
$$+ 2H^2O + Br^2.$$

PROPRIÉTÉS. — Le brome est un liquide rouge brun foncé ; ses propriétés chimiques ressemblent à celles du chlore. Ce corps étant dangereux et difficile à manier, nous ne signalons pas les expériences auxquelles il donne lieu.

Caractères des bromures. — 1° Dégagement de Brome. — On traite un cristal de bromure de potassium par une petite quantité de bioxyde de manganèse et d'acide sulfurique, comme ci-dessus (préparation du brome) ; il se dégage des vapeurs rougeâtres dont l'odeur est caractéristique.

2° Précipité de Bromure d'argent. — On fait dissoudre un cristal de bromure de potassium dans un tube à essai contenant de l'eau jusqu'au quart de sa hauteur, puis on traite cette dissolution par quelques gouttes d'une solution d'azotate d'argent : il se forme un précipité blanc de bromure d'argent, noircissant lorsqu'il reste exposé à la lumière pendant un certain temps ; ce précipité est soluble dans l'ammoniaque.

IODE (I = 127, d = 4,498)

Préparation. — On chauffe, dans un tube à essai, quelques petits cristaux d'iodure de potassium avec une pincée de bioxyde de manganèse et quelques gouttes d'acide sulfurique : il se dégage des vapeurs violettes d'iode, dont l'odeur rappelle celle du chlore. Réaction :

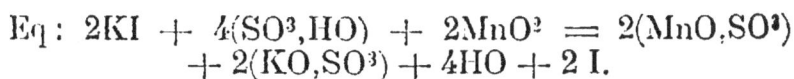

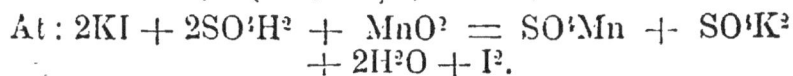

Eq : $2KI + 4(SO^3,HO) + 2MnO^2 = 2(MnO,SO^3)$
$+ 2(KO,SO^3) + 4HO + 2 I.$

At : $2KI + 2SO^4H^2 + MnO^2 = SO^4Mn + SO^4K^2$
$+ 2H^2O + I^2.$

PROPRIÉTÉS — L'iode est un solide se présentant en lamelles gris de fer.

Il tache la peau en jaune. Pour le constater, il suffit de laisser séjourner quelques instants, sur la main, une parcelle d'iode ; on remarquera que cette tache disparaît rapidement.

Sublimation de l'iode — On chauffe quelques lamelles d'iode dans un tube à essai et l'on reçoit les vapeurs émises dans un autre tube à essai dont l'ouverture est disposée contre celle du premier. On remarque que l'iode se volatise sans fondre, en donnant de magnifiques vapeurs violettes, qui se condensent en petits cristaux gris de fer après les parois du tube supérieur et les parties froides du tube inférieur.

Dissolution de l'iode — L'iode est presque insoluble dans l'eau.

1° Dissolution dans l'Alcool. — On verse quelques gouttes d'alcool dans l'un des tubes à essai qui ont servi à faire l'expérience précédente, puis on agite quelques instants : l'alcool dissout l'iode qui était attaché aux parois du tube et se colore en brun ; on a ainsi la teinture d'iode.

2° Dissolution dans le Sulfure de carbone. — On verse quelques gouttes de sulfure de carbone dans l'autre tube à essai qui a servi pour faire la sublimation, puis on agite quelques instants : l'iode se dissout et colore le sulfure de carbone en violet.

Caractères des Iodures. — 1° Dégagement d'Iode. On chauffe dans un tube à essai quelques cristaux d'iodure de potassium avec une pincée de bioxyde de manganèse et quelques gouttes d'acide sulfurique : il se dégage des vapeurs violettes d'iode.

2° Formation de l'Iodure d'amidon. — On fait bouillir pendant quelques instants de l'eau dans laquelle on a mis un peu d'amidon ; on obtient ainsi une solution d'amidon que l'on filtre ; quand cette solution est froide, on y ajoute quelques gouttes d'une solution d'iodure de potassium et l'on traite par une dissolution de chlore que l'on verse peu à peu, avec précaution ; le chlore met l'iode en liberté ; cet iode se combine à l'amidon pour donner l'iodure d'amidon et le liquide se colore en bleu. Si l'on chauffe alors la liqueur, la coloration bleue disparait, mais elle reparait par refroidissement. Un excès de chlore fait disparaitre la coloration bleue.

3° Précipité d'Iodure d'Argent. — On fait dissoudre quelques cristaux d'iodure de potassium dans un tube à essai contenant de l'eau, puis on traite par quelques gouttes d'une solution d'azotate d'argent : on obtient un précipité jaune d'iodure d'argent noircissant à la lumière ; ce précipité traité par une solution ammoniacale ne se dissout pas, ce qui le distingue du chlorure et du bromure d'argent.

ACIDE FLUORHYDRIQUE (HFl)

Préparation. — On chauffe sur un fragment de ballon, une pincée de fluorure de calcium pulvérisé et mouillé par quelques gouttes d'acide sulfurique : il se dégage des vapeurs blanches d'acide fluorhydrique mélangées de vapeurs d'acide sulfurique. Réaction :

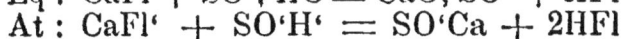

$$Eq : CaFl + SO^4, HO = CaO, SO^4 + HFl$$
$$At : CaFl^4 + SO^4H^4 = SO^4Ca + 2HFl$$

Action sur le Verre. — L'acide fluorhydrique attaque le verre ; pour le constater il suffit d'exposer un fragment de verre au dégagement des vapeurs d'acide : le verre ne tarde pas à être dépoli.

On peut encore, lorsque la réaction indiquée plus haut (préparation) est terminée, nettoyer le fragment de ballon dans lequel elle a eu lieu ; on constate que certaines parties du verre sont dépolies. Cette propriété est utilisée dans la gravure sur verre.

OXYGÈNE (O). (Eq = 8. At = 16. d = 1,1056)

Préparations. — 1° *Par le Bichromate de potasse et l'Acide sulfurique.* — On chauffe dans un tube à essai quelques cristaux de bichromate de potasse avec un peu d'acide sulfurique : l'oxygène se dégage. On le constate en plongeant dans le tube une allumette ne présentant plus que quelques points en ignition : l'allumette se rallume. Réation :

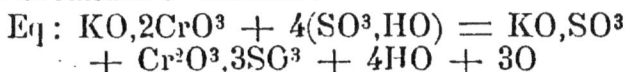

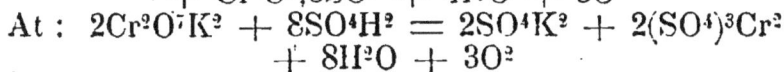

$$Eq : KO,2CrO^3 + 4(SO^3,HO) = KO,SO^3$$
$$+ Cr^2O^3,3SO^3 + 4HO + 3O$$
$$At : 2Cr^2O^7K^2 + 8SO^4H^2 = 2SO^4K^2 + 2(SO^4)^3Cr^2$$
$$+ 8H^2O + 3O^2$$

2° *Par le Chlorate de potasse.* — On met dans un ballon du chlorate de potasse pulvérisé et mélangé à du bioxyde de manganèse. On adapte au ballon le tube simplement recourbé que l'on met en communication avec le gazomètre préparé comme il a été dit plus haut (*voir gazomètre, page* 7) ; puis on chauffe. Réaction :

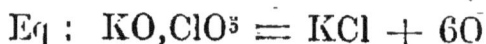

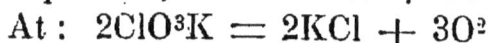

$$Eq : KO,ClO^5 = KCl + 6O$$
$$At : 2ClO^3K = 2KCl + 3O^2$$

Le bioxyde de manganèse n'entre pas en réaction, il est mis pour empêcher la transformation du chlorate de potasse en perchlorate de potasse, plus difficilement décomposable par la chaleur.

PROPRIÉTÉS. — **Combustions.** — 1° ALLUMETTE. — On plonge dans une éprouvette d'oxygène une allumette ne présentant plus qu'un point rouge : elle se rallume et brûle avec plus d'éclat que dans l'air.

2° CHARBON. — On fixe un petit fragment de charbon de bois à l'extrémité d'un fil de fer traversant un bouchon ; on allume ce charbon à la flamme du bec de Bunsen ; puis on le plonge dans une éprouvette d'oxygène : il y brûle avec éclat en donnant de l'acide carbonique CO^2.

On constate la formation de l'acide carbonique en versant, dans l'éprouvette, de la teinture de tournesol, qui passe au rouge vineux. On pourrait encore verser dans l'éprouvette de l'eau de chaux, qui se troublerait, car il se formerait du carbonate de chaux insoluble.

3° SOUFRE. — On plonge dans une éprouvette d'oxygène un fil de fer dont l'une des extrémités est fixée à un bouchon, l'autre extrémité ayant été préalablement garnie de soufre que l'on allume ; le soufre brûle avec une flamme bleue plus brillante que celle qu'il produit lorsqu'il brûle dans l'air : il se forme de l'acide sulfureux SO^2.

On constate la production de l'acide sulfureux en versant du tournesol dans l'éprouvette : il prend la teinte rouge pelure d'oignon.

4° PHOSPHORE. — On met un fragment de phosphore dans une petite cuiller recourbée et fixée à un bouchon; on l'enflamme, puis on le plonge rapidement dans une éprouvette d'oxygène : le phosphore brûle avec un grand éclat en donnant des fumées blanches d'acide phosphorique anhydre.

Si l'on verse du tournesol dans l'éprouvette, il passe à la teinte pelure d'oignon, ce qui est le caractère des acides forts.

5° FER. — On plonge dans une éprouvette d'oxygène un fil de fer contourné en spirale dont une extrémité est fixée à un bouchon, l'autre extrémité est munie d'un morceau d'amadou que l'on enflamme préalablement ; l'amadou en brûlant chauffe le fer au rouge et en détermine la combustion ; le fer brûle alors avec éclat en projetant de brillantes étincelles : il se forme de l'oxyde magnétique de fer, Fe^3O^4.

6° MAGNÉSIUM. — On saisit avec la pince en fer l'une des extrémités d'un fil de magnésium et on l'enflamme à l'autre extrémité, puis on le plonge rapidement dans une éprouvette d'oxygène. Le magnésium brûle avec un éclat éblouissant et donne de la magnésie, MgO.

Combustion du fer dans l'air. — On projette par petites pincées de la limaille de fer sur la flamme du bec de Bunsen ; cette limaille de fer chauffée à très haute température brûle en projetant dans tous les sens de brillantes étincelles : il se forme de l'oxyde magnétique de fer, Fe^3O^4.

HYDROGÈNE (H = 1, d = 0,0693)

Préparations. — 1° *Par le Zinc et l'Acide chlorhydrique.* — On introduit, dans un tube à essai, quelques morceaux de grenaille de zinc, puis on ajoute un peu d'acide chlorhydrique. L'attaque est très vive: il se dégage de l'hydrogène que l'on peut enflammer à l'ouverture du tube. Réaction :

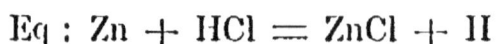

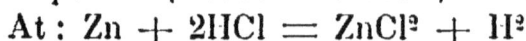

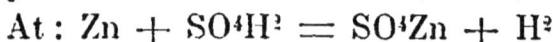

$$Eq : Zn + HCl = ZnCl + H$$
$$At : Zn + 2HCl = ZnCl^2 + H^2$$

Remarque. Dans cette préparation on peut remplacer le zinc par le fer. Réaction :

$$Eq : Fe + HCl = FeCl + H$$
$$At : Fe + 2HCl = FeCl^2 + H^2$$

2º *Par le Zinc, l'Eau et l'Acide sulfurique.* — On met dans un tube à essai quelques morceaux de grenaille de zinc, un ou deux centimètres d'eau et quelques gouttes d'acide sulfurique : il se dégage de l'hydrogène que l'on peut enflammer à l'ouverture du tube. Réaction :

$$Eq : Zn + SO^3,HO = ZnO,SO^3 + H$$
$$At : Zn + SO^4H^2 = SO^4Zn + H^2$$

3º *Par le fer, l'Eau et l'Acide sulfurique.* — On introduit dans un ballon de la limaille de fer, de l'eau et de l'acide sulfurique, de manière que la quantité d'acide soit à peu près le dixième en volume de la quantité d'eau ; on adapte au ballon un tube simplement recourbé, et, après avoir laissé les premières portions de gaz se perdre dans l'atmosphère, on met l'appareil en communication avec le gazomètre, puis on opère comme il a été dit à l'article gazomètre, (*page* 7). Réaction :

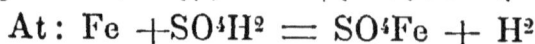

$$Eq : Fe + SO^3,HO = FeO,SO^3 + H$$
$$At : Fe + SO^4H^2 = SO^4Fe + H^2$$

Remarque. On peut récolter le gaz fourni par la deuxième préparation en opérant comme il vient d'être dit pour la troisième.

Traitement du résidu de la troisième préparation; distinction entre les sels ferreux et les sels ferriques.

— Le résidu de la troisième préparation contient du sulfate ferreux. Après l'avoir filtré, on en verse une petite quantité dans quatre tubes à essai. Si l'on ajoute quelques gouttes de solution de chlore au contenu de deux d'entre eux, le chlore fait passer le sulfate ferreux à l'état de sulfate ferrique, on a donc ainsi deux tubes contenant du sulfate ferreux, et deux autres tubes contenant du sulfate ferrique.

On traite d'abord par le prussiate jaune le contenu d'un tube de chaque espèce : avec le sulfate ferreux on obtient un précipité bleu blanchâtre et avec le sulfate ferrique un précipité bleu intense : c'est le bleu de prusse. On traite ensuite par le prussiate rouge le contenu des deux autres tubes : on obtient un précipité bleu (bleu de Turnbull) avec le sulfate ferreux; avec le sulfate ferrique on n'a pas de précipité, mais une coloration brune.

EXPÉRIENCES AVEC L'HYDROGÈNE. —

Lampe à Hydrogène. — On introduit de la limaille de fer ou de la grenaille de zinc, de l'eau et de l'acide sulfurique dans un ballon et l'on opère comme pour la troisième préparation de l'hydrogène. Puis on ferme ce ballon au moyen d'un bouchon traversé par un tube droit et effilé ; on n'emflammera l'hydrogène qui se dégage que lorsque l'air que contenait le ballon aura été chassé complètement. Pour s'assurer qu'il n'y a plus d'air et que l'hydrogène se dégage pur, on plonge l'extrémité effilée du tube à dégagement au fond d'un tube à essai renversé ; à cause de sa grande légèreté, l'hydrogène reste dans le tube à essai et en chasse l'air. Quand on juge que le tube est plein d'hydrogène, on en retire l'extrémité effilée et on enflamme l'hydrogène que contient le tube à essai; s'il se produit une détonation, on ne doit pas encore enflammer l'hydrogène qui se dégage par l'extrémité effilée ; mais il faut recommencer l'expérience avec le tube à essai jusqu'à ce que l'on obtienne une détonation très légère. Si l'on enflammait l'hydrogène avant que tout l'air du ballon fût expulsé, on aurait une explosion très dangereuse. Le ballon serait brisé et les fragments en seraient projetés avec violence.

Flamme de l'Hydrogène. — Lorsque l'on a enflammé le jet d'hydrogène en prenant les précautions indiquées ci-dessus, on constate que sa flamme est peu éclairante mais très chaude ; on peut la rendre éclairante en projetant dans cette flamme de la craie en poussière ; on peut arriver au même résultat en maintenant dans la flamme un fil de platine qui ne tarde pas à être chauffé au rouge blanc.

La flamme de l'hydrogène serait éclairante dès l'origine, si l'on avait introduit dans le ballon servant à la préparation quelques gouttes de benzine, dont les vapeurs, entrainées par l'hydrogène, brûleraient avec lui.

Production d'eau. — On tient, pendant quelques instants, au-dessus de la flamme de l'hydrogène, et à une petite distance, une assiette bien sèche : on remarque qu'elle ne tarde pas à se recouvrir de gouttelettes d'eau provenant de la combustion de l'hydrogène.

Harmonica chimique. — On introduit la flamme de l'hydrogène dans un tube ouvert aux deux extrémités, et l'on promène le tube le long de cette flamme, afin qu'il ne soit pas toujours chauffé au même point, ce qui pourrait amener sa rupture : il se produit un son dont la hauteur dépend des dimensions du tube.

Combustion de l'Hydrogène. — 1° On remplit une éprouvette d'hydrogène puis on enflamme le gaz, l'ouverture de l'éprouvette étant tournée vers le haut : le gaz brûle tout d'un coup.

2° On remplit d'hydrogène une éprouvette que l'on tient ensuite l'ouverture tournée vers le bas, puis on enflamme le gaz : il brûle lentement à l'ouverture ; si l'on enfonce dans l'éprouvette une allumette

enflammée, on remarque qu'elle s'éteint dans l'hydrogène, ce dernier continuant à brûler ; cette expérience
montre que l'hydrogène n'est pas comburant. Les
deux expériences précédentes mettent aussi en
évidence la grande légèreté de l'hydrogène.

Légèreté de l'Hydrogène. — On tient une
éprouvette d'hydrogène l'ouverture tournée vers le
bas et l'on applique, contre cette ouverture, celle
d'une éprouvette pleine d'air ; on retourne ensuite le
système sens dessus dessous : l'hydrogène monte en
partie dans l'éprouvette supérieure, et l'air descend
dans l'éprouvette inférieure ; on met ce résultat
en évidence en enflammant le contenu des deux
éprouvettes : il se produit une petite détonation qui
indique que les deux éprouvettes contiennent un
mélange d'air et d'hydrogène.

Diffusion colloïdale. — Avec une feuille de
papier non collé et non mouillé, on ferme l'ouverture
d'une éprouvette d'hydrogène ; on peut enflammer
le gaz au-dessus de la feuille de papier, ce qui met en
évidence la propriété qu'il possède, de passer à travers
les membranes.

Mélange détonant. — 1° On introduit dans un
flacon 2/3 d'hydrogène et un tiers d'oxygène, puis on
enflamme ce mélange : il se produit une violente
détonation et il y a formation d'eau.

2° On met un peu d'eau de savon dans un mortier,
puis on plonge dans cette eau l'extrémité du tube à
dégagement du gazomètre, dans lequel on a préalablement introduit deux tiers d'hydrogène et un tiers
d'oxygène : le gaz en se dégageant forme un amas de
bulles ; on retire ensuite de l'eau de savon l'extrémité
du tube à dégagement, puis on met le feu aux bulles :
il se produit une violente détonation.

EAU (Eq : HO. At : H^2O, $d = 1$)

EXPÉRIENCES AVEC L'EAU. — **Congé-
lation.** — On met de l'eau dans un tube à essai,

jusqu'à la moitié de sa hauteur, puis on le plonge dans un verre ; on tasse autour de ce tube un mélange de sel et de neige ou de glace pilée que l'on dispose par couches alternatives : l'eau que contient le tube ne tarde pas à se congeler.

Mauvaise conductibilité de l'eau. — Au-dessus de la glace formée dans l'expérience précédente on ajoute un peu d'eau, puis on chauffe cette eau en mettant dans la flamme du bec de Bunsen la partie du tube qui la contient ; elle ne tarde pas à entrer en ébullition, tandis que la glace qui est au-dessous reste à peu près intacte.

Caléfaction de l'eau. — On chauffe au rouge une plaque de tôle en la tenant, au moyen d'une pince en fer sur la flamme du bec de Bunsen ; puis on laisse tomber sur cette plaque une goutte d'eau qui prend immédiatement l'état sphéroïdal ; si l'on augmente la quantité d'eau, le globule s'aplatit et devient étoilé sur les bords ; si la plaque se refroidit peu à peu, il arrive un moment où le globule touche le métal : alors il se réduit presque instantanément en vapeur.

Ebullition de l'eau. — On chauffe un ballon à moitié rempli d'eau et l'on observe les divers phénomènes qui se succèdent.

1º De petites bulles gazeuzes se dégagent du sein de la masse liquide : elles sont formées par de l'air que l'eau tenait en dissolution.

2º Au bout d'un certain temps, des bulles de vapeur se forment à la partie inférieure du ballon ; elles s'élèvent dans le sein du liquide, mais disparaissent avant d'arriver à la surface. La disparition de ces bulles fait entrer le liquide en vibration : il en résulte un son. On dit alors que le liquide chante.

Expérience de Franklin — On laisse bouillir pendant un certain temps l'eau que contient un ballon, afin que l'air en soit chassé par la vapeur formée ; on ferme ensuite hermétiquement ce ballon avec un bouchon plein, puis le saisissant par le col avec une pince en bois, on le maintient renversé au-dessus d'une cuvette : l'ébullition s'arrête. Si l'on verse quelques gouttes d'eau froide sur le fond du ballon, l'ébullition recommence : cela est dû à la condensation d'une partie de la vapeur que contenait le ballon : car par suite de cette condensation la pression intérieure diminue. Il faut faire cette expérience avec précaution : si la condensation de la vapeur est trop rapide, la pression atmosphérique peut écraser le ballon.

Caractères principaux de quelques eaux naturelles. — 1° EAUX CRUES. — On appelle ainsi les eaux qui contiennent du carbonate de chaux en excès.

Pour reconnaître qu'une eau contient du carbonate de chaux, on en met un peu dans deux tubes à essai ; dans le premier, on ajoute quelques gouttes d'une solution alcoolique de bois de campêche ; si la couleur passe au violet c'est une preuve que l'eau contient un carbonate. On traite l'eau que contient le second tube par quelques gouttes d'une solution d'oxalate d'ammoniaque ; lorsque l'eau contient un sel de chaux, il se forme un précipité blanc d'oxalate de chaux.

2° EAUX SÉLÉNITEUSES. — On appelle ainsi les eaux qui contiennent du sulfate de chaux en dissolution.

Pour reconnaître la présence du sulfate de chaux dans une eau, on en met un peu dans deux tubes à essai ; on traite le contenu du premier par quelques gouttes d'une solution de chlorure de baryum : il se forme un précipité blanc de sulfate de baryte, ce qui montre que l'eau contient un sulfate. On met la présence de la chaux en évidence en traitant le contenu de l'autre tube par quelques gouttes d'une solution d'oxalate d'ammoniaque, qui donnent un précipité blanc d'oxalate de chaux.

3° EAUX CHLORURÉES. — On appelle ainsi les eaux qui contiennent des chlorures en solution.

Pour reconnaître, dans une eau, la présence d'un chlorure, on met un peu de cette eau dans un tube à essai, puis on la traite par quelques gouttes d'azotate d'argent : on obtient un précipité blanc, caillebotté, de chlorure d'argent, noircissant à la lumière et soluble dans l'ammoniaque.

Pour reconnaitre si le chlorure que contient l'eau est du chlorure de sodium, on évapore à siccité un peu de cette eau sur un fragment de ballon, puis on fixe le résidu à l'extrémité d'un fil de platine humecté d'eau et on l'introduit dans la flamme du bec de Bunsen qui doit se colorer en jaune.

4° Eaux sulfureuses. — Ces eaux contiennent des sulfures alcalins et laissent dégager de l'acide sulfhydrique.

L'odeur d'œufs pourris qu'elles dégagent suffit pour les faire reconnaitre.

Ces eaux traitées, dans un tube à essai, par quelques gouttes d'une solution d'acétate de plomb, donnent un précipité noir de sulfure de plomb.

5° Eaux ferrugineuses. — Ces eaux contiennent des sels de fer.

Pour reconnaitre dans une eau la présence du fer, on la traite, dans un tube à essai, par quelques gouttes d'une solution de prussiate rouge qui donne un précipité bleu avec les sels ferreux ; on peut faire un second essai avec le prussiate jaune qui donne un précipité bleu avec les sels ferriques et un précipité bleu blanchâtre avec les sels ferreux.

6° Eaux purgatives. — Ces eaux contiennent surtout du sulfate de magnésie.

Pour reconnaitre dans une eau la présence du sulfate de magnésie, on met un peu de cette eau dans deux tubes à essai ; on traite le contenu du premier par quelques gouttes d'une solution de chlorure de baryum qui donnent un précipité blanc de sulfate de baryte, ce qui met en évidence la présence d'un sulfate. Le contenu du second tube, traité par quelques gouttes d'une solution de carbonate de soude, donne un précipité blanc de carbonate de magnésie, soluble dans l'ammoniaque. On pourrait encore traiter, dans un troisième tube, un peu d'eau purgative par quelques gouttes d'une solution de phosphate d'ammoniaque et quelques gouttes d'une solution ammoniacale; après agitation on obtient un précipité blanc, cristallin de phosphate ammoniaco-magnésien, ce qui met en évidence la présence de la magnésie.

Application. — *Essai sommaire de l'eau d'Hunyadi-Janos.* — On met de cette eau dans trois tubes à essai; on traite le contenu du premier tube par quelques gouttes d'une dissolution d'azotate d'argent: on obtient un précipité blanc de chlorure d'argent soluble dans l'ammoniaque; donc l'eau contient un chlorure. On traite le contenu du deuxième tube par quelques gouttes d'une solution de chlorure de baryum: on obtient un précipité blanc de sulfate de baryte; donc l'eau contient un sulfate. On traie le contenu du troisième tube par quelques gouttes d'une solution de carbonate de soude : on obtient un précipité blanc de carbonate de magnésie, soluble dans l'ammoniaque ; donc l'eau contient des sels de magnésie. On fait ensuite évaporer, sur un fragment de ballon, quelques gouttes de l'eau à essayer; on fixe le résidu à l'extrémité d'un fil de platine légèrement humecté, puis on chauffe dans la flamme du bec de Bunsen: cette flamme se colore en jaune, ce qui indique la présence des sels de soude.

En résumé, cette eau contient du sulfate de magnésium, du sulfate de sodium et des chlorures des mêmes métaux.

SOUFRE (Eq = 16. At. = 32, d. = 2,05)

Fusion du soufre. — On met un peu de fleur de soufre dans une capsule en terre que l'on chauffe au bec de Bunsen. Le soufre fond en un liquide jaunâtre ; si l'on continue à chauffer, il devient brunâtre et visqueux ; vers 300° on peut retourner la capsule sens dessus dessous : le soufre ne coule pas ; si l'on continue à chauffer, le soufre redevient fluide, puis il entre en ébullition vers 400° ; sa vapeur qui est jaunâtre s'enflamme alors et donne en brûlant de l'anhydride sulfureux SO^2 ; pour l'éteindre, il suffit de recouvrir la capsule par une plaque de verre qui empêche l'accès de l'air.

Soufre mou. — Lorsque le soufre ainsi fondu est refroidi vers 300°, c'est-à-dire lorsqu'il est redevenu visqueux, si l'on en verse un peu dans un verre contenant de l'eau froide, il se solidifie en une masse brune qui demeure élastique comme le caoutchouc pendant quelque temps.

Cristallisation du soufre. — 1° PAR VOIE SÈCHE.— Quand le soufre fondu est près de son point de solidification, on le verse dans un entonnoir dont on a fermé la douille avec un tampon de papier. Il ne tarde pas à se former une croûte solide à la surface ; on perce cette croûte, puis on fait écouler le soufre non encore solidifié par l'ouverture ainsi pratiquée. On remarque que du soufre cristallisé en longues aiguilles prismatiques reste attaché aux parois de l'entonnoir.

2° PAR VOIE HUMIDE. — Après avoir mis du sulfure de carbone CS^2 dans un tube à essai, jusqu'au quart de sa hauteur, on ajoute un peu de soufre et l'on agite pendant quelques instants : le soufre se dissout ; on laisse évaporer le sulfure de carbone et l'on obtient le soufre cristallisé en octaèdres.

Combustion du soufre. — On enflamme un petit fragment de soufre sur une assiette : on remarque qu'il brûle avec une flamme bleue en produisant, par sa combinaison avec l'oxygène de l'air, un gaz incolore à odeur suffocante : c'est l'anhydride sulfureux SO^2.

Soufre en fleur. — La fleur de soufre contient un peu d'acide sulfurique qui attire l'humidité, ce qui la rend impropre à servir en pyrotechnie. Pour mettre en évidence la présence de l'acide sulfurique dans la fleur de soufre, on agite pendant quelques instants un peu de cette fleur dans un tube à essai à moitié plein d'eau, puis on filtre ; on traite ensuite le liquide filtré par quelques gouttes de chlorure de baryum qui donnent un précipité blanc de sulfate de baryte.

Action du soufre sur le cuivre · On met, dans un tube à essai, quelques pincées de fleur de soufre, puis on ajoute quelques longs fragments de tournure de cuivre et on chauffe. Le soufre fond, se réduit en vapeur et le cuivre ne tarde pas à brûler avec production de lumière en donnant du sulfure cuivrique.

Action du soufre sur l'argent. — On frotte une pièce d'argent avec une pincée de fleur de soufre humectée d'eau: la pièce ne tarde pas à noircir; il se forme du sulfure d'argent.

Action du soufre sur le fer. — On mélange, sur une assiette, quelques pincées de limaille de fer avec un volume triple de fleur de soufre : on obtient ainsi une poudre grisâtre. On pourrait alors séparer le fer du soufre en promenant, dans la masse, un aimant qui enlèverait le fer : cela prouve que les deux corps n'étaient pas complètement combinés. On pourrait encore les séparer en introduisant le mélange dans un tube à essai contenant de l'eau et en versant ensuite le liquide après l'avoir agité; le soufre est entraîné par l'eau et le fer reste au fond du tube à cause de sa grande densité. Si l'on triture ensuite le mélange primitif avec un peu d'eau, de manière à en faire une pâte consistante, puis qu'on l'introduise dans un ballon et que l'on chauffe doucement, le soufre agit sur le fer et le mélange devient noir ; il se forme du sulfure de fer FeS. On ne peut plus séparer le fer du soufre par les moyens indiqués plus haut. (Conserver

3

le résultat de cette réaction pour préparer l'acide sulfhydrique).

Action du soufre sur l'acide azotique. — L'acide azotique transforme le soufre en acide sulfurique et passe à l'état de peroxyde d'azote. Pour le constater, on introduit dans un tube à essai un peu d'acide azotique et une pincée de soufre en poudre ; on fait bouillir quelque temps : il se dégage des vapeurs rutilantes. On étend ensuite d'un peu d'eau et on filtre. Le liquide filtré, traité par quelques gouttes d'une solution de chlorure de baryum, donne un précipité blanc de sulfate de baryte.

ANHYDRIDE SULFUREUX (SO², d = 2,21)

Préparations. — 1° *Par la combustion du soufre.* On enflamme un morceau de soufre sur un fragment de ballon ou sur une assiette ; il se dégage de l'anhydride sulfureux, reconnaissable à son odeur. Si l'on expose au dégagement du gaz une bande de papier de tournesol bleu, préalablement humecté d'eau, ce papier est rougi.

2° *Par l'acide sulfurique et le cuivre.* — On introduit dans un tube à essai quelques fragments de tournure de cuivre et quelques gouttes d'acide sulfurique, puis on chauffe. Lorsque le liquide entre en ébullition, il se dégage du gaz sulfureux, que l'on reconnait comme il a été dit plus haut. La réaction est la suivante :

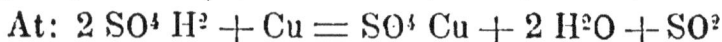

Eq : $2(SO^3, HO) + Cu = CuO, SO^3 + SO^2 + 2 HO$

At : $2 SO^4 H^2 + Cu = SO^4 Cu + 2 H^2O + SO^2$

Le résidu est donc du sulfate de cuivre.

Remarques. I. Si l'on se proposait de récolter le gaz fourni par cette préparation, il faudrait la faire dans un ballon. On devrait alors modérer le feu aussitôt qu'une vive effervescence commence à se produire, afin d'éviter le boursouflement et le passage d'une partie du liquide dans le tube adducteur.

II. On peut, dans cette préparation, remplacer le cuivre par le mercure; dans ce cas, on n'a pas à craindre le boursouflement.

3° *Préparation de la dissolution, par l'acide sulfurique et le charbon.* — On introduit dans un ballon des fragments de charbon de bois et une couche d'acide sulfurique de un à deux centimètres de haut; puis on ferme ce ballon avec un bouchon portant un tube doublement recourbé, dont on plonge l'extrémité dans un flacon aux trois-quarts rempli d'eau. On chauffe le ballon : il se dégage un mélange d'anhydride sulfureux et d'anhydride carbonique ; mais, le premier étant beaucoup plus soluble que le dernier, reste seul en solution. La réaction est la suivante :

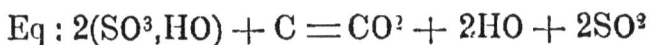

$$Eq : 2(SO^3,HO) + C = CO^2 + 2HO + 2SO^2$$
$$At: 2SO^4H^2 + C = CO^2 + 2SO^2 + 2H^2O$$

Afin d'éviter l'absorption, il faut avoir soin de chauffer le ballon, tant que l'extrémité du tube à dégagement plonge dans le flacon où se fait la dissolution. On conserve cette dissolution dans un flacon plein, bien bouché et à l'abri de la lumière.

EXPÉRIENCES AVEC LA DISSOLUTION DE GAZ SULFUREUX. — **Odeur**. — L'odeur de la dissolution est la même que celle du gaz.

Action sur le tournesol. — On met, dans un verre à pied, un peu de teinture de tournesol étendue d'eau, puis on ajoute quelques gouttes de la solution sulfureuse : le tournesol prend la teinte dite *pelure d'oignon.*

Actions réductrices. — 1° DÉCOLORATION DU PERMANGANATE DE POTASSE. — On met, dans un verre à pied, une solution étendue de permanganate de potasse; lorsqu'on ajoute quelques gouttes de la solution sulfureuse, la liqueur, qui était d'un beau violet, devient incolore.

2° TRANSFORMATION DU BIOXYDE DE PLOMB. — On met un peu de bioxyde de plomb brun (oxyde puce),

PbO², dans un tube à essai ; puis on ajoute quelques gouttes de solution sulfureuse : le bioxyde de plomb brun se transforme en sulfate de plomb blanc.

3° ACTION SUR LES SELS FERRIQUES. — On fait dissoudre un petit cristal de sulfate ferreux dans un tube à essai à moitié plein d'eau; puis on ajoute quelques gouttes de dissolution de chlore, qui fait passer le sulfate ferreux à l'état de sulfate ferrique, comme on l'a déjà vu à propos du chlore. On verse dans un autre tube à essai la moitié de la liqueur ainsi obtenue ; on traite le contenu du premier tube par la dissolution sulfureuse, puis par le prussiate jaune : on obtient un précipité bleu blanchâtre caractéristique des sels ferreux. Le contenu du second tube, traité par le prussiate jaune, donne un précipité bleu intense, caractéristique des sels ferriques. Donc l'anhydride sulfureux fait passer les sels ferriques à l'état de sels ferreux.

Oxydation de l'anhydride sulfureux. — On met dans un tube à essai, un peu de solution sulfureuse, et on ajoute quelques gouttes d'acide azotique. Si l'on traite ensuite par une dissolution de chlorure de baryum, on obtient un précipité blanc de sulfate de baryte, insoluble dans un excès de solution sulfureuse, ainsi que dans un excès d'acide chlorhydrique, ce qui distingue le sulfate de baryte du sulfite du même métal. Donc l'acide azotique transforme l'anhydride sulfureux en acide sulfurique.

Décolorations produites par l'anhydride sulfureux. — 1° VIOLETTES. — On met un peu de solution sulfureuse dans un verre à pied ; puis on plonge des violettes dans cette solution : les violettes deviennent blanches.

2° VIN. — On met un peu de vin dans un verre à pied, puis on ajoute de la solution sulfureuse : le vin est décoloré.

ACIDE SULFURIQUE

(Eq : SO^3,HO.   At : SO^4H^2, densité $= 1,84$)

Production. — On fait brûler un fragment de soufre dans un flacon à large goulot rempli d'oxygène ou d'air : il se produit de l'anhydride sulfureux. On plonge ensuite dans ce flacon un morceau de charbon de bois suspendu à un fil de fer et préalablement humecté d'acide azotique : il se forme des vapeurs rutilantes de peroxyde d'azote et l'on voit apparaitre des goutelettes liquides sur les parois du flacon. Après avoir ajouté quelques gouttes d'eau, on agite le flacon en ayant soin de fermer le goulot : les vapeurs rutilantes disparaissent et il se produit un vide. On laisse alors rentrer l'air : les vapeurs rutilantes apparaissent de nouveau. On recommence plusieurs fois cette série d'opérations. Quand on a terminé, on récolte l'eau que contient le flacon. Pour constater qu'elle renferme de l'acide sulfurique, on traite cette eau par quelques gouttes d'une solution de chlorure de baryum, qui donnent un précipité blanc de sulfate de baryte, insoluble dans les acides.

Les réactions qui se passent dans la préparation de l'acide sulfurique sont exprimées par les équations suivantes :

Eq: 1° Combustion du soufre :
$$S + O^2 = SO^2$$

2° Oxydation de l'acide sulfureux :
$$AzO^5,HO + SO^2 = SO^3,HO + AzO^4$$

3° Transformation de l'acide hypoazotique :
$$2AzO^4 + 2HO = AzO^5,HO + AzO^3,HO$$

4° Transformation de l'acide azoteux :
$$AzO^3,HO + SO^2 = SO^3,HO + AzO^2$$

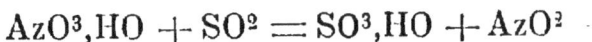

5° Transformation du bioxyde d'azote :
$$AzO^2 + 2O = AzO^4$$

At: 1° Combustion du soufre :

$$S + O^2 = SO^2$$

2° Oxydation de l'anhydride sulfureux :

$$2AzO^3H + SO^2 = SO^4H^2 + 2AzO^2$$

3° Transformation du peroxyde d'azote :

$$2AzO^2 + H^2O = AzO^2H + AzO^3H$$

4° Transformation de l'acide azoteux :

$$2AzO^2H + SO^2 = SO^4H^2 + 2AzO$$

5° Transformation du deutoxyde d'azote :

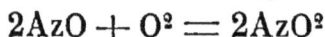

$$2AzO + O^2 = 2AzO^2$$

Puis la troisième réaction recommence, et ainsi de suite.

EXPÉRIENCES AVEC L'ACIDE SULFU-RIQUE. — **Couleur.** — L'acide sulfurique du commerce est plus ou moins brunâtre, car il tient en suspension des parcelles de charbon provenant des poussières de l'atmosphère qu'il a carbonisées.

Odeur. — L'acide sulfurique n'a pas d'odeur, ce qui prouve qu'il n'est pas volatil à température ordinaire.

Saveur. — Après avoir mis une ou deux gouttes d'acide sulfurique dans un verre d'eau, on prend une bouchée du liquide ainsi obtenu, puis on la rejette après quelques instants ; on observe qu'il a, outre la saveur du vinaigre, une action singulière sur les dents.

Volatilisation. — On verse, sur un fragment de ballon, quelques gouttes d'acide sulfurique, puis on chauffe ; on remarque qu'il ne tarde pas à émettre des vapeurs blanches très intenses.

Action sur le Tournesol. — Une goutte d'acide sulfurique, mise dans un verre d'eau, rougit un papier bleu de tournesol.

Action sur l'Eau. — Si l'on met deux ou trois centimètres d'eau dans un tube à essai et que l'on ajoute peu à peu de l'acide sulfurique, on constate un grand dégagement de chaleur : le tube devient brûlant.

Action sur le soufre. — Si l'on fait bouillir dans un tube à essai un peu d'acide sulfurique avec une pincée de soufre, il se dégage de l'anhydride sulfureux, que l'on reconnaît à son odeur de soufre brûlé. On a la réaction :

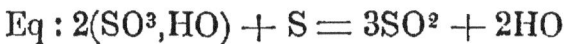

$$Eq : 2(SO^3,HO) + S = 3SO^2 + 2HO$$
$$At : 2SO^4H^2 + S = 3SO^2 + 2H^2O$$

C'est une des préparations de l'anhydride sulfureux.

Action du Carbone. — (Voir la 3e préparation de l'anhydride sulfureux, page 35).

Action du Zinc. — (Voir la 2e préparation de l'hydrogène, page 24).

Action du Fer. — (Voir la 3e préparation de l'hydrogène, page 24).

Action du Cuivre. — (Voir la 2e préparation de l'anhydride sulfureux, page 34).

Action du Mercure. — (Voir la 2e préparation de l'anhydride sulfureux, page 35, remarque II).

Action sur la Craie. — On met, au fond d'un verre, quelques fragments de craie ; puis on ajoute un peu d'eau et quelques gouttes d'acide sulfurique : il se dégage un gaz incolore, qui éteint une allumette enflammée et rougit le tournesol ; c'est l'acide carbonique. On a la réaction :

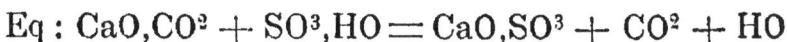

$$Eq : CaO,CO^2 + SO^3,HO = CaO,SO^3 + CO^2 + HO$$
$$At : CO^3Ca + SO^4H^2 = SO^4Ca + CO^2 + H^2O$$

Le résidu est donc du plâtre.

Action sur les Matières organiques. — 1° Mis sur la peau, l'acide sulfurique produit des brûlures, car il décompose les tissus pour s'emparer de l'eau : il est donc très dangereux à manier.

2° Une feuille de papier trempée dans l'acide sulfurique concentré, puis lavée à grande eau et sèchée, donne le parchemin végétal.

3° Si l'on plonge une feuille de papier dans l'acide sulfurique étendu de trois volumes d'eau, on constate que cette feuille est détruite par l'acide.

Remarque : Lorsqu'on doit faire un mélange d'acide sulfurique et d'eau, il faut toujours avoir soin de verser l'acide sulfurique dans l'eau et non l'eau dans l'acide sulfurique, et cela, afin d'éviter les projections d'eau et d'acide dues à l'échauffement subit des liquides aux points de contact.

4° On ajoute 5 °/₀ d'acide sulfurique à un peu d'eau contenue dans un verre; puis on trempe dans ce liquide un fil de laine et un fil de lin ou de chanvre ; si l'on égoutte le liquide en excès et qu'on fasse sécher ces fils, on constate que la laine n'a pas été atteinte mais que le fil végétal a été détruit.

5° Si l'on met un peu d'acide sulfurique au fond d'un verre et que l'on trempe un morceau de bois dans cet acide, on remarque que l'acide carbonise le bois.

6° Le sucre plongé dans l'acide sulfurique devient noir : l'acide sulfurique s'empare des éléments de l'eau que contient le sucre et laisse le charbon.

Quelques réactions caractéristiques. —

1° Soufre. — On frotte une pièce d'argent avec un peu de fleur de soufre délayée dans quelques gouttes d'eau : la pièce d'argent noircit, car il se forme du sulfure d'argent noir.

2° Sulfites. — On fait dissoudre quelques cristaux de sulfite de soude dans un tube à essai contenant un peu d'eau, puis on traite par l'acide chlorhydrique :

il se dégage du gaz sulfureux que l'on reconnaît à son odeur. La réaction est la suivante :

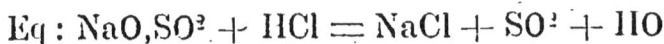

$$Eq : NaO,SO^2 + HCl = NaCl + SO^2 + HO$$
$$At: SO^3Na^2 + 2HCl = 2NaCl + SO^2 + H^2O$$

3° HYPOSULFITES. — On fait dissoudre quelques cristaux d'hyposulfite de soude dans un tube à essai contenant de l'eau, puis on traite par quelques gouttes d'acide chlorhydrique : une vive effervescence se produit; il se dégage du gaz sulfureux, reconnaissable à son odeur, et il se forme en même temps un dépôt blanchâtre de soufre, ce qui distingue les hyposulfites des sulfites. La réaction est la suivante :

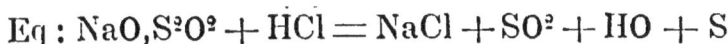

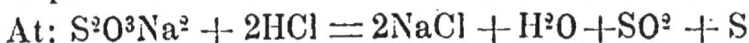

$$Eq : NaO,S^2O^2 + HCl = NaCl + SO^2 + HO + S$$
$$At: S^2O^3Na^2 + 2HCl = 2NaCl + H^2O + SO^2 + S$$

4° SULFATES. — On fait dissoudre un petit cristal de sulfate de soude dans un tube à essai contenant un peu d'eau, puis on traite par quelques gouttes d'une dissolution de chlorure de baryum : il se forme un précipité blanc de sulfate de baryte insoluble dans l'acide azotique. La réaction est la suivante :

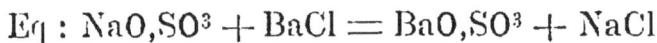

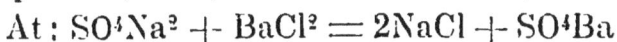

$$Eq : NaO,SO^3 + BaCl = BaO,SO^3 + NaCl$$
$$At : SO^4Na^2 + BaCl^2 = 2NaCl + SO^4Ba$$

HYDROGÈNE SULFURÉ
ou ACIDE SULFHYDRIQUE
$$(Eq: HS, \quad At: H^2S, \quad d = 1,19)$$

Préparations. — 1° *Par le sulfure d'antimoine et l'acide chlorhydrique.* — Après avoir mis quelques pincées de sulfure d'antimoine dans un tube à essai, on ajoute un peu d'acide chlorhydrique et l'on chauffe : il se dégage de l'hydrogène sulfuré que l'on reconnaît à son odeur d'œufs pourris. La réaction de cette préparation est :

$$Eq : SbS^3 + 3HCl = SbCl^3 + 3HS$$
$$At : Sb^2S^3 + 6HCl = 2SbCl^3 + 3H^2S$$

Le résidu est donc du sulfure d'antimoine. On le filtre et on met le liquide filtré en réserve.

2° *Par le sulfure de fer et l'acide sulfurique.* — On verse un peu d'eau et d'acide sulfurique dans le ballon où l'on a produit l'attaque du fer par le soufre, (voir action du soufre sur le fer, page 33). On ferme ce ballon avec un bouchon traversé par un tube simplement recourbé que l'on met en communication avec le gazomètre ; l'action a lieu à froid. On récolte l'eau qui s'échappe du gazomètre ; quand ce dernier est plein de gaz, on fait barbotter directement dans cette eau l'acide sulfhydrique qui continue à se dégager du ballon : on obtient ainsi la solution sulfhydrique. (*On opère comme pour obtenir la solution du chlore, voir page 12*). Cette solution est ensuite introduite dans un flacon que l'on maintient plein et bien bouché. La réaction de cette préparation est :

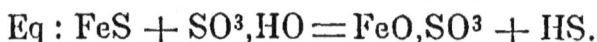

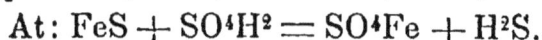

$$Eq : FeS + SO^3,HO = FeO,SO^3 + HS.$$
$$At : FeS + SO^4H^2 = SO^4Fe + H^2S.$$

EXPÉRIENCES AVEC LE GAZ SULFHYDRIQUE. — **Action sur le tournesol.** — On remplit une éprouvette d'acide sulfhydrique ; on verse dans cette éprouvette quelques gouttes de teinture de tournesol et on agite : le tournesol passe au rouge vineux. On peut opérer avec la solution sulfhydrique.

Combustion du gaz sulfhydrique. — On remplit une éprouvette de gaz sulfhydrique, puis on y met le feu : le gaz brûle avec une flamme bleuâtre et laisse sur les parois de l'éprouvette un dépôt de soufre, si la quantité d'oxygène est insuffisante. Si la combustion était complète, on aurait la réaction :

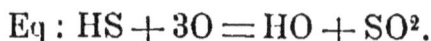

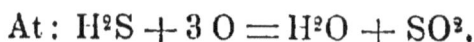

$$Eq : HS + 3O = HO + SO^2.$$
$$At : H^2S + 3 O = H^2O + SO^2.$$

Il se formerait donc de l'eau et de l'anhydride sulfureux.

Action sur l'acide azotique. — Si l'on verse quelques gouttes d'acide azotique dans une éprouvette pleine d'hydrogène sulfuré, il se forme des vapeurs rutilantes et un dépôt de soufre. On a la réaction :

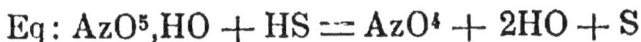

$$Eq: AzO^5,HO + HS = AzO^4 + 2HO + S$$
$$At: H^2S + AzO^3H = AzO^2 + H^2O + S.$$

Expérience avec la dissolution sulfhydrique. — L'hydrogène sulfuré précipite un grand nombre de sels métalliques à l'état de sulfures; cette propriété est très importante au point de vue de l'analyse chimique.

Action sur les sels d'argent. — On met dans un tube à essai quelques gouttes d'une solution d'azotate d'argent ; puis on traite par la solution sulfhydrique : on obtient un précipité noir de sulfure d'argent.

Action sur les sels d'antimoine. — On traite par la dissolution sulfhydrique le résidu de la première préparation, qui est une dissolution de chlorure d'antimoine : on obtient un précipité rouge orangé de sulfure d'antimoine.

Action sur les composés de l'arsenic. — On met dans un tube à essai un peu de solution chlorhydrique d'anhydride arsénieux, puis on traite par la solution sulfhydrique : on obtient un précipité jaune d'orpiment.

Action sur les sels de cuivre. — On fait dissoudre un petit cristal de sulfate de cuivre dans un tube à essai contenant un peu d'eau, on traite ensuite par la solution sulfhydrique : on obtient un précipité noir de sulfure de cuivre.

Action sur les sels de plomb. — On met dans un tube à essai un peu d'une solution d'acétate de plomb, puis on traite par la solution sulfhydrique : on obtient un précipité noir de sulfure de plomb.

Réaction caractéristique du sulfure d'hydrogène. — L'hydrogène sulfuré noircit un papier imprégné d'acétate de plomb.

AZOTE (Az = 14, d = 0,97)

Préparations. — 1° *Par le bichromate de potasse et le chlorhydrate d'ammoniaque.* — On chauffe dans un tube à essai un mélange de bichromate de potasse et de chlorhydrate d'ammoniaque, préalablement pulvérisés ou en solutions concentrées : il se dégage un gaz incolore, inodore, éteignant une allumette enflammée que l'on plonge dans le tube. Réaction :

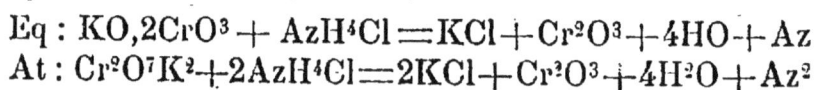

Eq : $KO,2CrO^3 + AzH^4Cl = KCl + Cr^2O^3 + 4HO + Az$

At : $Cr^2O^7K^2 + 2AzH^4Cl = 2KCl + Cr^2O^3 + 4H^2O + Az^2$

2° *Par le chlore et l'ammoniaque.* — On remplit au $9/10^e$ un tube à essai d'une solution de chlore ; on achève de le remplir avec la solution ammoniacale ; on ferme l'ouverture du tube avec le doigt et on retourne ce tube sens dessus dessous. La solution ammoniacale, plus légère que la solution de chlore, monte dans le tube, et l'on voit se former de petites bulles de gaz qui se rassemblent à la partie supérieure du tube. On constate comme dans la préparation précédente que ce gaz est de l'azote. Réaction :

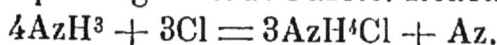

$$4AzH^3 + 3Cl = 3AzH^4Cl + Az.$$

3° *Par l'azotite de potassium et le chlorhydrate d'ammoniaque.* — On chauffe dans un ballon un mélange d'azotite de potassium et de chlorhydrate d'ammoniaque en solutions concentrées. Le ballon est mis en communication avec le gazomètre. Réaction :

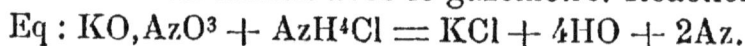

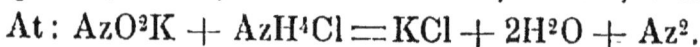

Eq : $KO,AzO^3 + AzH^4Cl = KCl + 4HO + 2Az.$

At : $AzO^2K + AzH^4Cl = KCl + 2H^2O + Az^2.$

PROPRIÉTÉS. — **L'azote n'est ni comburant ni combustible.** — On plonge une allumette enflammée dans une éprouvette de ce gaz : l'allumette s'éteint complètement et le gaz ne prend pas feu.

L'azote est sans action sur le tournesol. —
On plonge, après les avoir humectés, un papier de
tournesol rouge et un papier de tournesol bleu dans
une éprouvette d'azote : les couleurs restent inaltérées.

L'azote est sans action sur l'eau de chaux.
— On introduit de l'eau de chaux dans une éprouvette
d'azote ; on ferme cette éprouvette avec la main et on
agite : l'eau de chaux ne se trouble pas.

Remarque. — Ces deux dernières expériences
servent à distinguer l'azote de l'acide carbonique.

OXYDE AZOTEUX ou PROTOXYDE D'AZOTE
(Eq : AzO, At : Az^2O, d = 1,527)

Préparation. — On fond de l'azotate d'ammoniaque dans une capsule de porcelaine ; on continue
à le chauffer, jusqu'à ce qu'il commence à émettre des
fumées blanches ; on le verse sur une assiette, puis,
lorsqu'il est refroidi, on le concasse et on l'introduit
dans un ballon, que l'on met en communication avec
le gazomètre contenant de l'eau salée ; on chauffe
ensuite doucement afin d'éviter un dégagement
tumultueux qui pourrait amener une explosion.
Réaction :

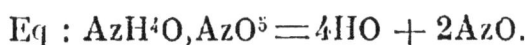

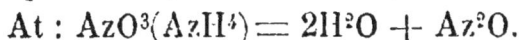

$$Eq : AzH^4O, AzO^5 = 4HO + 2AzO.$$
$$At : AzO^3(AzH^4) = 2H^2O + Az^2O.$$

PROPRIÉTÉS. —**L'oxyde azoteux est comburant**. — On plonge dans une éprouvette d'oxyde
azoteux, une allumette en présentant plus que quelques points en ignition : elle se rallume et brûle avec
éclat.

Combustion du carbone. — On opère comme
pour l'oxygène. (*voir page 22*).

Combustion du soufre. — On opère comme
pour l'oxygène, mais il faut que le soufre soit bien
allumé. (*Voir page 22*).

Combustion du phosphore. — On opère comme pour l'oxygène. (*Voir page 23*).

Distinction entre l'oxyde azoteux et l'oxygène. — Pour distinguer l'oxyde azoteux de l'oxygène, on remplit à moitié une éprouvette de deutoxyde d'azote qu'on laisse sur la cuvette ; on fait pénétrer quelques bulles d'oxyde azoteux dans cette éprouvette : il ne se produit rien ; mais si l'on y fait pénétrer quelques bulles d'oxygène ou d'air, il se produit immédiatement des vapeurs rougeâtres, dites vapeurs rutilantes.

Remarque. — On peut ne faire cette expérience qu'après que l'on a préparé le bioxyde d'azote.

OXYDE AZOTIQUE ou BIOXYDE D'AZOTE
(Eq : AzO^2, At : AzO, d $= 1,039$)

Préparations. — 1° *Par le chlorure ferreux, l'azotate de potasse et l'acide chlorhydrique.* — On attaque, dans un tube à essai, quelques pincées de limaille de fer par l'acide chlorhydrique ; quand le fer a disparu, on ajoute une quantité d'acide chlorhydrique égale à celle que l'on a déjà employée et quelques cristaux d'azotate de potasse ; puis on chauffe légèrement : le deutoxyde d'azote se dégage et se transforme aussitôt en vapeurs rutilantes d'acide hypoazotique, au contact de l'air. Réaction :

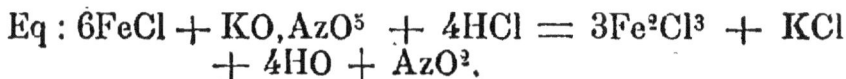

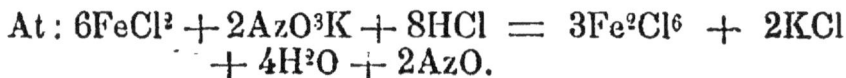

$$Eq : 6FeCl + KO,AzO^5 + 4HCl = 3Fe^2Cl^3 + KCl + 4HO + AzO^2.$$

$$At : 6FeCl^2 + 2AzO^3K + 8HCl = 3Fe^2Cl^6 + 2KCl + 4H^2O + 2AzO.$$

2° *Par le cuivre et l'acide azotique.* — On introduit dans un ballon de la tournure de cuivre et de l'acide azotique étendue de son volume d'eau : de petites bulles de gaz se dégagent et le liquide bleuit ; il se forme des vapeurs rougeâtres au-dessus du liquide ; elles sont dues à la combinaison de l'oxyde azotique avec l'oxygène de l'air que contient le ballon. On adapte au ballon un tube simplement recourbé, que l'on ne met en communication avec le gazomètre que quand les vapeurs rutilantes ont à peu près disparu ; car ces vapeurs, solubles dans l'eau, produiraient un vide dans le gazomètre, ce qui pourrait provoquer des rentrées d'air. Réaction :

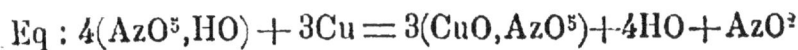

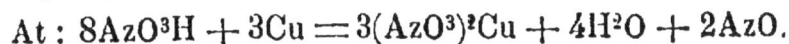

$$Eq : 4(AzO^5, HO) + 3Cu = 3(CuO, AzO^5) + 4HO + AzO^2$$

$$At : 8AzO^3H + 3Cu = 3(AzO^3)^2Cu + 4H^2O + 2AzO.$$

Le résidu est une solution d'azotate de cuivre que l'on conserve dans un flacon.

PROPRIÉTÉS. — **Productions d'hypoazo·tide.** — On remplit aux trois-quarts une éprouvette de bioxyde d'azote ; puis on la retourne sens dessus dessous en la maintenant fermée avec la main ; on laisse ensuite pénétrer un peu d'air, puis on referme l'éprouvette : il se produit des vapeurs rutilantes d'hypoazotide. Si l'on agite l'éprouvette, ces vapeurs se dissolvent dans l'eau, et le gaz restant devient incolore. Il se produit donc un certain vide ; la pression atmosphérique maintient l'éprouvette attachée à la main.

Remarque. — Si l'on a mis de la teinture bleue de tournesol dans l'eau de l'éprouvette, elle rougit sous l'action de l'hypoazotide.

Le bioxyde d'azote est comburant. — On plonge rapidement une allumette bien enflammée dans une éprouvette de ce gaz : l'allumette continue à y brûler avec éclat.

Combustion du phosphore. — On introduit dans une éprouvette de bioxyde d'azote un morceau de phosphore bien enflammé : le phosphore y brûle avec un grand éclat.

Combustion du charbon. — Le charbon, même bien enflammé, brûle difficilement dans le bioxyde d'azote.

Remarque. — Lorsque l'on plonge un corps enflammé dans le bioxyde d'azote, il faut opérer très rapidement ;

car la couche de vapeurs rutilantes qui se forme à l'ouverture de l'éprouvette peut éteindre les corps en ignition qui la traversent.

Action sur l'acide azotique. — On fixe un tube droit en verre à l'extrémité du tube à dégagement du gazomètre, et on fait barbotter le bioxyde d'azote dans de l'acide azotique que contient un verre à pied : l'acide se colore en jaune, en bleu ou en vert, suivant son degré de concentration. Il y a à la fois dissolution du bioxyde d'azote et décomposition de l'acide azotique.

Action sur la dissolution de sulfate ferreux. On fait barbotter le bioxyde d'azote dans une solution de sulfate ferreux, mise dans un verre à pied : le sulfate ferreux absorbe le gaz et se colore en brun.

Mélange de bioxyde d'azote et de vapeurs de sulfure de carbone. On verse rapidement quelques gouttes de sulfure de carbone dans une éprouvette de bioxyde d'azote ; on referme l'éprouvette avec la main et l'on agite vivement pour mélanger le bioxyde d'azote à la vapeur du sulfure de carbone ; on enflamme ensuite le mélange : il brûle rapidement en produisant une flamme bleuâtre, éblouissante et possédant des rayons chimiques.

ACIDE AZOTIQUE ou NITRIQUE
(Eq : AzO^5,HO, At : AzO^3H, $d = 1,42$)

PROPRIÉTÉS — On n'indique ici que les expériences que l'on peut faire avec l'acide azotique ordinaire, $AzO^5,4HO$ ou $(AzO^3H)^2$ $3H^2O$.

Couleur. — L'acide azotique est incolore ; il est souvent jaunâtre, cela est dû aux vapeurs d'hypoazotide qu'il tient en solution. Pour le décolorer il suffit de le faire bouillir.

Odeur. — Il a une odeur nitreuse. Comparer son odeur à celle de l'acide chlorhydrique.

Saveur. — On met une ou deux gouttes d'acide azotique dans un verre d'eau ; on prend une bouchée de ce liquide que l'on rejette ensuite : on constate la saveur aigre de l'acide.

Action du soufre. — On chauffe dans un tube à essai quelques gouttes d'acide azotique avec une pincée de fleur de soufre : il ne tarde pas à se dégager des vapeurs rutilantes, et le soufre s'oxyde.

Action du charbon. — On opère comme pour le soufre : il se produit des vapeurs rutilantes, et le carbone se transforme en acide carbonique. Si l'on met un charbon allumé à la surface de l'acide azotique concentré, la combustion est activée, et il se forme des vapeurs nitreuses.

Action du cuivre. — Cette action a été indiquée à la préparation du bioxyde d'azote (*voir page 46*). Si l'on traite le résidu de cette préparation par l'ammoniaque, on obtient un liquide d'un beau bleu : c'est l'eau céleste.

Action du fer. — On verse quelques gouttes d'acide azotique sur deux ou trois pointes de Paris mises dans un tube à essai : il se dégage des vapeurs rutilantes ; le résidu contient de l'azotate ferrique. On le constate en traitant par le prussiate jaune qui donne un précipité de bleu de Prusse.

Action de l'étain. — On introduit dans un ballon quelques feuilles de papier d'étain, que l'on traite par l'acide azotique : il se forme des vapeurs nitreuses, et il reste une poudre blanche insoluble : c'est l'acide stannique.

Action sur l'indigo. — On met dans un tube à essai quelques gouttes d'une solution d'indigo, que l'on traite ensuite par quelques gouttes d'acide azotique : l'indigo est décoloré.

Action sur la peau. — L'acide azotique tache la peau en jaune.

Action sur la laine et sur la soie. — Dans une capsule en porcelaine, on verse de l'acide azotique étendu de son volume d'eau ; on introduit dans ce liquide deux fils de laine blanche et on chauffe ; quand la laine est devenue jaune, on la retire de l'acide et on la lave à grande eau. On plonge ensuite l'un des deux fils dans l'ammoniaque : sa couleur passe à l'orangé. On opérerait de même avec la soie blanche.

Caractères principaux des azotates. — 1° FUSION SUR LES CHARBONS ARDENTS. — On projette une pincée d'azotate de potasse sur un morceau de charbon de bois incandescent : l'azotate active la combustion du charbon aux points de contact. On dit qu'il fuse sur les charbons ardents.

2° DÉGAGEMENT DE VAPEURS RUTILANTES. — On chauffe dans un tube à essai quelques cristaux d'azotate de potasse avec un fragment de tournure de cuivre et quelques gouttes d'acide sulfurique : il se dégage des vapeurs rutilantes.

L'acide sulfurique met en liberté l'acide azotique de l'azotate ; cet acide azotique se décompose en présence du cuivre, pour donner de l'azotate de cuivre et du deutoxyde d'azote, qui produit des vapeurs rutilantes en présence de l'oxygène de l'air.

EAU RÉGALE

Préparation. — On mélange, dans un tube à essai, une partie d'acide azotique avec quatre parties d'acide chlorhydrique. Le liquide jaunit, surtout si l'on chauffe ; car il se forme du chlore et de l'hypoazotide qui restent en solution.

L'eau régale est un oxydant et un chlorurant énergique.

Oxydation du soufre. — On met une pincée de fleur de soufre dans l'eau régale préparée comme il

vient d'être dit; puis on fait bouillir pendant quelques
instants : il se forme de l'acide sulfurique. Pour
constater la présence de l'acide sulfurique dans la
liqueur, on l'étend d'eau, on la filtre ; puis on traite
par le chlorure de baryum le liquide filtré : il se forme
un précipité blanc de sulfate de baryte.

AMMONIAC (AzH³, densité = 0,596)

Préparation. — On mélange sur une assiette
quelques pincées de chaux vive et de chlorhydrate
d'ammoniaque préalablement pilés ; on constate que
la réaction commence à froid, car le mélange répand
l'odeur d'ammoniac.

On introduit ensuite ce mélange dans un tube à
essai, et l'on chauffe : le gaz ammoniac se dégage
abondamment, ce qui permet de constater son odeur
et son action sur les yeux. Réaction :

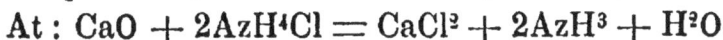

$$Eq : CaO + AzH^4Cl = CaCl + AzH^3 + HO$$
$$At : CaO + 2AzH^4Cl = CaCl^2 + 2AzH^3 + H^2O$$

PROPRIÉTÉS DU GAZ AMMONIAC. — **Le
gaz ammoniac n'est pas comburant.** — Si l'on
plonge une allumette enflammée dans le tube à essai
où a lieu la réaction indiquée plus haut, l'allumette
s'éteint et le gaz ne brûle pas.

Action du gaz ammoniac sur le tournesol.— Si
l'on présente un papier de tournesol rougi à l'ouverture du même tube, le papier est ramené au bleu.

**Action du gaz ammoniac sur le papier de
curcuma.** — Si l'on présente un papier jaune de
curcuma à l'ouverture du tube, ce papier est bruni.

Solubilité du gaz ammoniac. — Si l'on plonge,
dans une cuvette contenant de l'eau, l'ouverture du
tube qui a servi à faire les expériences précédentes, le

gaz ammoniac, qui remplissait ce tube, se dissout dans l'eau, et le liquide monte jusqu'au sommet du tube.

Jet d'eau. — On verse dans un ballon un peu de solution ammoniacale, puis on chauffe : l'ammoniac se dégage abondamment. On ferme alors le ballon avec un bouchon traversé par un tube droit effilé, à l'extrémité qui se trouve à l'intérieur du ballon ; on plonge l'autre extrémité du tube dans un verre contenant de l'eau colorée par du tournesol rougi : le gaz ammoniac se dissout entièrement dans les premières gouttes d'eau qui pénètrent dans le ballon. Le vide se produit, et la pression atmosphérique fait jaillir l'eau par le tube effilé. A mesure qu'elle pénètre dans le ballon, sa teinte rouge est ramenée au bleu.

Remarque : Quelquefois la pression atmosphérique écrase le ballon : les fragments ne sont pas projetés.

PROPRIÉTÉS DE LA SOLUTION AMMO-NIACALE. — **La solution perd facilement son gaz quand on la chauffe.** — C'est ce que montre la première partie de l'expérience précédente.

Action du chlore. — Voir la 2ᵐᵉ préparation de l'azote (*page 44*).

Action du cuivre. — On met quelques copeaux de cuivre dans un entonnoir supporté par un flacon ; puis on verse de la solution ammoniacale sur ce cuivre. Quand tout le liquide est écoulé, on le verse de nouveau sur le cuivre et l'on opère de même un grand nombre de fois. On s'arrête, lorsque l'on a obtenu un liquide d'un beau bleu ; ce liquide contient de l'azotite de cuivre, de l'azotite d'ammoniaque et de l'hydrate de cuivre en solution.

Il possède la propriété de dissoudre la cellulose. On le constate en plongeant dans ce liquide du coton cardé, qui ne tarde pas à se dissoudre.

Action de l'acide chlorhydrique. — On verse sur un fragment de ballon quelques gouttes d'acide chlorhydrique et quelques gouttes d'ammoniaque : il se forme d'abondantes fumées blanches de chlorhydrate d'ammoniaque, AzH^4Cl. Si l'on chauffe ce mélange, le sel ne tarde pas à cristalliser et si l'on continue à chauffer, il s'évapore : donc le chlorhydrate d'ammoniaque est volatil.

Action sur les sels de fer. — 1° SUR LES SELS FERREUX. — On fait dissoudre un petit cristal de sulfate ferreux dans un tube à essai contenant deux ou trois centimètres d'eau ; on traite cette solution par quelques gouttes d'ammoniaque : on obtient un précipité vert blanchâtre d'hydrate ferreux, se transformant peu à peu, au contact de l'air, en hydrate ferrique rouge brun.

2° SUR LES SELS FERRIQUES. — On fait dissoudre un cristal de perchlorure de fer dans un tube à essai contenant deux ou trois centimètres d'eau ; on traite cette solution par quelques gouttes d'ammoniaque : on obtient un précipité rouge brun d'hydrate ferrique.

Action sur les sels de cuivre. — On fait dissoudre un petit cristal de sulfate de cuivre dans un tube à essai contenant un peu d'eau ; on traite cette solution par quelques gouttes d'ammoniaque : on obtient un précipité bleu blanchâtre de sulfate basique. Si l'on ajoute un excès d'ammoniaque, le précipité se dissout en donnant un liquide d'un beau bleu : c'est l'eau céleste ou sulfate de cuivre ammoniacal.

Action sur les matières organiques : 1° SUR LES VIOLETTES. — On trempe des violettes dans l'ammoniaque : elles deviennent vertes.

2° SUR LA GRAISSE. — On met un petit morceau de suif dans un verre à pied ; on ajoute de l'ammoniaque et l'on agite : le suif se dissout. Cette propriété est utilisée pour dégraisser les vêtements.

3° Sur la Cochenille. — On met un grain de cochenille dans un tube à essai ; on ajoute un centimètre ou deux d'ammoniaque, puis on agite : la cochenille se dissout et colore le liquide en rouge : c'est le carmin.

Caractère principal des sels ammoniacaux. — On chauffe dans un tube à essai quelques cristaux de chlorhydrate d'ammoniaque avec quelques gouttes d'une solution de potasse : il se dégage du gaz ammoniac que l'on reconnaît à son odeur et à son action sur le papier rouge de tournesol, qu'il bleuit.

PHOSPHORE $(P = 31, d = 1,83)$.

N. B. — Le phosphore doit toujours être manié dans l'eau à cause de sa grande inflammabilité.

PROPRIÉTÉS — **Couleur.** — Le phosphore qui a longtemps séjourné dans l'eau est revêtu d'une pellicule blanche formée de cristaux microscopiques. Si l'on coupe dans l'eau un morceau de phosphore on constate qu'il est translucide et de couleur ambrée.

Odeur. — L'odeur du phosphore est analogue à celle de l'ail ; il la communique à l'eau dans laquelle il a séjourné.

Fusion. — On met un fragment de phosphore dans un verre à pied contenant un peu d'eau froide ; puis on ajoute peu à peu de l'eau que l'on a fait chauffer dans un ballon : le phosphore ne tarde pas à fondre et à former un globule au fond de l'eau.

Combustion du phosphore dans l'eau. — On plonge dans le verre qui a servi à faire l'expérience ci-dessus l'extrémité d'un tube simplement recourbé, de manière qu'elle soit en contact avec le phosphore fondu ; on met l'autre extrémité du tube en communication avec un gazomètre préalablement rempli d'oxygène ; le gaz se dégage sur le phosphore et il se produit de vives lueurs au sein de l'eau : le phosphore brûle au contact de l'oxygène en donnant de l'anhydride phosphorique, qui se transforme immédiatement en acide phosphorique au contact de l'eau.

On pourrait faire cette expérience en lançant un courant d'air sur le phosphore ; mais, dans ce cas, la combustion serait moins vive et l'expérience moins brillante.

Combustion du phosphore à l'air. — On place un petit fragment de phosphore sur une assiette ; il ne tarde pas à émettre des fumées blanches d'acide phosphoreux. Si l'on approche de ce phosphore une allumette enflammée, le phosphore prend feu et brûle avec une flamme blanche, en produisant des fumées d'anhydride phosphorique.

N. B. — Le phosphore, en brûlant à l'air, projette en tous sens des fragments enflammés ; il faut donc avoir soin de se tenir à une certaine distance pendant tout le temps de l'expérience.

Inflammation du phosphore sous l'action du charbon. — On place sur une assiette une feuille de papier sur laquelle on met un fragment de phosphore, que l'on recouvre de charbon de bois en poudre : le phosphore ne tarde pas à s'enflammer spontanément. Cela est dû à la condensation de l'oxygène dans les pores du charbon.

Combustion du phosphore dans l'oxygène. (Voir page 23).

Combustion du phosphore dans le chlore. (Voir page 12).

Production du phosphore amorphe. — On introduit dans un tube à essai un petit fragment de phosphore ; on chauffe légèrement et on laisse tomber dans le tube une petite parcelle d'iode : les deux corps se combinent avec production de chaleur et de lumière pour donner de l'iodure de phosphore. Le phosphore

en excès se transforme en une masse noire qui, pilée dans un mortier, se transforme en une poudre rouge : c'est le phosphore amorphe.

Dissolution du phosphore dans le sulfure de carbone.

—On introduit dans un tube à essai un ou deux centimètres de sulfure de carbone et un fragment de phosphore; on agite afin de faire dissoudre le phosphore ; puis on verse cette solution sur de menus copeaux ou des feuilles de papier que l'on a préalablement disposés sur une assiette. Le sulfure de carbone s'évapore et le phosphore très divisé ne tarde pas à prendre feu spontanément et à enflammer toute la masse (*feux fénians*).

Combustion d'une allumette. — Si l'on frotte d'abord très légèrement l'extrémité phosphorée d'une allumette, on constate qu'elle dégage l'odeur du phosphore.

Si l'on frotte plus fort, l'allumette s'enflamme et l'on constate :

1° La flamme blanche du phosphore qui ne dure qu'un instant ;

2° Des fumées blanches d'anhydride phosphorique;

3° La flamme bleue du soufre ;

4° L'odeur de l'anhydride sulfureux ;

5° La flamme blanche du bois ;

6° La production des cendres de bois.

N. B. — Si la pâte phosphorée de l'allumette contient du chlorate de potasse, elle détone en s'enflammant.

HYDROGÈNE PHOSPHORÉ GAZEUX

(PH^3, d $= 1,134$)

PRÉPARATIONS ET PROPRIÉTÉS. — 1° *Par le phosphure de calcium et l'eau.* — On remplit aux trois quarts d'eau un verre à pied; puis on y projette quelques fragments de phosphure de calcium : il se dégage un gaz ayant une forte odeur d'ail et s'enflammant spontanément au contact de l'air : il forme alors des couronnes de fumée blanche d'anhydride phosphorique. L'hydrogène phosphoré ainsi préparé est spontanément inflammable parce qu'il contient des traces d'hydrogène phosphoré liquide PH^2.

2° *Par le phosphore et une solution de soude.* — On chauffe dans un tube à essai une solution de soude avec quelques fragments de phosphore : il se dégage de l'hydrogène phosphoré spontanément inflammable qui brûle à l'ouverture du tube en produisant des fumées blanches d'anhydride phosphorique. Réaction :

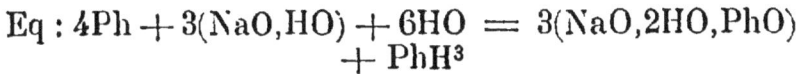

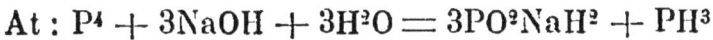

$$Eq : 4Ph + 3(NaO,HO) + 6HO = 3(NaO,2HO,PhO) + PhH^3$$

$$At : P^4 + 3NaOH + 3H^2O = 3PO^2NaH^2 + PH^3$$

ARSENIC (As = 75, densité = 5,70)

PROPRIÉTÉS. — **Sublimation.** — On introduit quelques fragments d'arsenic dans un tube à essai, puis on chauffe : l'arsenic se réduit en vapeurs qui vont se condenser en un anneau miroitant sur les parties froides du tube.

Combustion dans l'air. — On allume un fragment de charbon de bois en le tenant pendant quelques instants dans la flamme du bec de Bunsen; puis on projette sur ce charbon allumé une pincée d'arsenic préalablement pilé : on remarque qu'il brûle avec une flamme blanche en formant des vapeurs d'anhydride arsénieux et en répandant une odeur d'ail.

Combustion dans le chlore. — (Voir page 13).

Action de l'acide azotique. — On introduit un peu d'arsenic dans un tube à essai, puis on y ajoute quelques gouttes d'acide azotique : il se forme une poudre blanche d'anhydride arsénieux, et il se dégage des vapeurs nitreuses.

ANHYDRIDE ARSÉNIEUX

Eq : AsO^3, At : As^2O^3

PROPRIÉTÉS. — **Volatilisation.** — On projette quelques pincées d'anhydride arsénieux sur un morceau de charbon allumé : il se volatilise ; une petite portion est réduite : l'arsenic se combine à l'hydrogène que renferme le charbon et donne de l'arséniure d'hydrogène, qui répand une odeur d'ail.

Solubilité. — L'anhydride arsénieux est très peu soluble dans l'eau ; mais, si l'on introduit dans un tube à essai une pincée d'anhydride arsénieux, puis quelques gouttes d'acide chlorhydrique, et que l'on chauffe, l'anhydride arsénieux se dissout. (Garder cette solution).

Réactions caractéristiques — 1° Précipité de sulfure. — On met, dans un tube à essai, quelques gouttes de la solution précédente, puis on traite par une solution d'acide sulfhydrique : on obtient un précipité jaune d'orpiment. Si l'on ajoute ensuite un peu de sulfhydrate d'ammoniaque, le précipité se dissout.

2° Appareil de Marsh. — On introduit dans un ballon de la grenaille de zinc dépourvue d'arsenic, de l'eau et quelques gouttes d'une solution d'anhydride arsénieux ; puis on ajoute de l'acide sulfurique comme pour la préparation de l'hydrogène. On ferme le ballon avec un bouchon portant un tube effilé et recourbé horizontalement. L'hydrogène naissant, résultant de l'action de l'acide sulfurique sur le zinc, décompose l'anhydride arsénieux ; il se forme de l'hydrogène arsénié qui est entraîné avec l'hydrogène en excès. Si l'on chauffe, avec le bec de Bunsen, un point du tube horizontal, il se forme, au-delà du point chauffé, un anneau noir et miroitant d'arsenic, provenant de la réduction, par la chaleur, de l'hydrogène arsénié. Cet anneau chauffé se déplace.

Si l'on enflamme ensuite le gaz qui se dégage par l'extrémité effilée du tube, il brûle avec une flamme livide; si l'on écrase cette flamme avec une soucoupe, il se forme, sur cette soucoupe, une tache miroitante d'arsenic.

Cette tache disparait lorsqu'on la traite par l'acide chlorhydrique; si l'on ajoute ensuite quelques gouttes d'une solution sulfhydrique, on obtient un précipité jaune d'orpiment.

3° VOLATILISATION DE L'ARSENIC. — On chauffe dans un tube à essai un mélange d'anhydride arsénieux et de charbon de bois en poudre : l'anhydride arsénieux est réduit par le charbon et l'arsenic se dépose en un anneau miroitant sur la partie froide du tube. Cet anneau chauffé se déplace.

ANTIMOINE (Sb = 120, d = 6,71)

PROPRIÉTÉS. — **Combustion dans le chlore.**
— *(Voir page 13).*

Fusion et combustion dans l'air. — On creuse une petite cavité dans un morceau de charbon de bois, et on y place un petit fragment d'antimoine; on dirige le dard du chalumeau sur le métal : ce dernier ne tarde pas à fondre, puis il rougit et répand des vapeurs blanches d'oxyde d'antimoine. Si l'on projette alors le globule métallique sur une assiette, il se divise en globules plus petits, qui disparaissent en produisant une fumée blanche très abondante.

Action de l'acide azotique. — On introduit dans un tube à essai quelques petits fragments d'antimoine, puis on ajoute quelques gouttes d'acide azotique; l'antimoine est attaqué : il se forme une poudre blanche qui est un mélange d'acide antimonique et d'oxyde intermédiaire. On filtre ce précipité

on le lave, puis on le traite par quelques gouttes
d'ammoniaque : il se dissout en partie. On chauffe la
solution ainsi obtenue pour chasser l'ammoniaque en
excès ; puis on ajoute quelques gouttes d'une solution
d'azotate d'argent qui donne un précipité jaune
d'antimoniate d'argent.

SULFURE D'ANTIMOINE

Eq : SbS^3, At : Sb^{2}S^3

PROPRIÉTÉS. — **Production d'acide sulfhydrique.** — *(Voir page 41).*

Traitement du résidu. — Lorsque tout le
sulfure d'antimoine employé dans l'expérience précédente est dissous, on en met dans deux tubes à essai.

On traite le contenu du premier tube par quelques
gouttes d'une solution d'acide sulfhydrique : il se
forme un précipité rouge orangé de sulfure d'antimoine, ayant la même composition que le sulfure
naturel, qui est gris bleuâtre et a l'éclat métallique. On
ajoute de l'eau au contenu du second tube : il ne tarde
pas à se former un précipité blanc d'oxychlorure
d'antimoine ; donc les sels d'antimoine précipitent par
l'eau.

ACIDE BORIQUE

Eq : BoO^3,3HO, At : BoO^{3}H^3

PROPRIÉTÉS. — **Dissolution.** — On introduit
quelques lamelles d'acide borique dans un tube à
essai à moitié plein d'eau ; on agite pendant quelques
instants, puis on chauffe un peu : une petite quantité
d'acide se dissout.

Action sur le tournesol. — On verse dans un
tube à essai une petite quantité de la solution précédemment obtenue ; on y ajoute quelques gouttes de
teinture bleue de tournesol, qui passe au rouge
vineux ; si l'on chauffe ensuite, la teinte passe au
rouge pelure d'oignon.

Action sur le papier de curcuma. — On
plonge un papier de curcuma dans le reste de la

solution d'acide : La teinte jaune du papier passe au brun. L'acide borique agit donc comme les bases sur le curcuma.

Coloration de la flamme de l'alcool. — On pile quelques cristaux d'acide borique, on place sur une assiette la poudre ainsi obtenue, on l'humecte avec un peu d'alcool. Quand l'acide borique est en partie dissous, on enflamme l'alcool : il brûle avec une flamme verte.

SILICE (SiO²)

PROPRIÉTÉS. — **Dureté.** — On frotte un morceau de quartz sur une lame de verre : on constate que le verre est rayé.

Silice gélatineuse. — On met dans un verre à pied une solution de silicate de soude, puis on ajoute peu à peu de l'acide chlorhydrique.

Il se forme un précipité gélatineux qui, si la liqueur employée est concentrée, devient si épais qu'un agitateur peut y être planté et s'y tenir verticalement. Réaction :

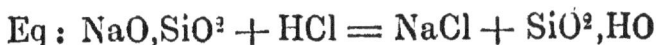

$$Eq : NaO,SiO^2 + HCl = NaCl + SiO^2,HO$$
$$At : SiO^3Na^2 + 2HCl = SiO^3H^2 + 2NaCl$$

CARBONE (C, Eq = 6, At = 12)

PRINCIPALES PROPRIÉTÉS DES DIVERSES VARIÉTÉS DE CARBONE. — **Graphite.** — Le graphite est doux au toucher : frotté sur une feuille de papier, il laisse une trace.

Si l'on tient, avec une pince en fer, un morceau de graphite dans la flamme du bec de Bunsen, on constate qu'il est très difficile à allumer.

Anthracite. — L'anthracite est noire, brillante et laisse aussi une tache sur le papier.

Si on la tient pendant quelques temps dans la flamme du bec de Bunsen, on constate qu'elle s'allume difficilement et qu'elle brûle sans flamme.

Lignite. — Le lignite garde l'aspect du bois.

Mis dans la flamme du bec de Bunsen, il s'allume rapidement et brûle avec une flamme longue, en répandant de la fumée et une odeur désagréable.

Tourbe. — On constate qu'elle s'enflamme facilement, qu'elle brûle mal et répand beaucoup de fumée.

Houille. — 1° Combustion de la houille. — On tient avec la pince en fer, un fragment de houille au sommet de la flamme du bec de Bunsen : il ne tarde pas à brûler avec une flamme éclairante en produisant de la fumée.

2° Distillation de la houille. — On remplit à moitié un tube à essai avec de petits fragments de houille, puis on ferme ce tube avec un bouchon portant un tube en verre simplement recourbé. On chauffe ensuite au bec de Bunsen. Il se dégage d'abord des vapeurs ayant l'odeur du goudron. On laisse le dégagement se produire pendant quelques instants, puis on allume le gaz à l'extrémité du tube. Sur les parties froides, on remarque qu'il s'est déposé du goudron. Si l'on continue à chauffer jusqu'à ce que le dégagement gazeux soit arrêté, puis que l'on casse le tube à essai, on obtient un cylindre de coke très léger et à surface extérieure brillante.

Pendant que le gaz se dégage et avant de l'avoir allumé, on plonge l'extrémité du tube à dégagement dans un verre à pied, contenant un peu d'eau de chaux : cette eau se trouble ; il se forme du carbonate de chaux, qui indique que le gaz contient de l'acide carbonique.

Si l'on plonge de même l'extrémité du tube à dégagement dans une solution d'acétate de plomb, il se forme un précipité noir de sulfure de plomb, qui indique que le gaz contient de l'acide sulfhydrique.

Charbon de bois. — 1° DISTILLATION DU BOIS. — On introduit de la sciure de bois dans un tube à essai, on le ferme avec un bouchon portant un tube simplement recourbé, puis on le chauffe. Les vapeurs qui se dégagent d'abord sont peu combustibles ; elles contiennent surtout de l'eau et de l'esprit de bois ; elles ont une odeur empyreumatique. Le gaz de l'éclairage ne tarde pas à se dégager à son tour ; on peut l'enflammer à l'extrémité du tube. Quand le dégagement a cessé, on constate que le bois s'est transformé en charbon et que du goudron s'est déposé sur les parois du tube.

2° LE CHARBON DE BOIS ABSORBE LES GAZ. — On pile un peu de charbon de bois ; on le dispose ensuite sur un filtre, dans un entonnoir suporté par une éprouvette. On verse un peu de solution sulfhydrique sur ce charbon : le liquide filtré est inodore.

Noir de fumée.—Production.—1° On tourne la virole du bec de Bunsen de manière à empêcher l'air de pénétrer à l'intérieur : on obtient ainsi la flamme blanche du gaz. Si l'on écrase cette flamme avec une assiette, il se forme un dépôt noir, qui n'est autre chose que le noir de fumée.

2° On enflamme un peu d'essence de térébenthine sur une assiette, et l'on promène sur la flamme une autre assiette ou une capsule de porcelaine : on obtient un dépôt abondant de noir de fumée.

Noir animal. — Décolorations. — 1° DU VIN. — On introduit un peu de vin rouge dans un ballon, on y ajoute du noir animal pilé, on agite et on chauffe un peu ; on verse ensuite le contenu du ballon sur un filtre : le vin passe incolore. Il a aussi perdu son odeur.

2° DU SIROP DE SUCRE. — On fait dissoudre de la cassonade jaune dans un peu d'eau ; on introduit ensuite dans un ballon le sirop jaunâtre ainsi obtenu ; on ajoute du noir animal et on chauffe modérément, puis on verse le tout sur un filtre : le sirop passe incolore.

OXYDE DE CARBONE (CO, d = 0,967)

Préparations. — 1° *Par le cyanure jaune et l'acide sulfurique.* — On introduit quelques petits cristaux de cyanure jaune dans un tube à essai ; on ajoute quelques gouttes d'acide sulfurique et on chauffe : il se dégage de l'oxyde de carbone, que l'on peut enflammer à l'ouverture du tube. Réaction :

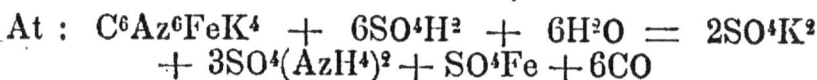

$$Eq : 2FeK^2(C^2Az)^3 + 12(SO^3, HO) + 12HO = 2(FeO, SO^3) + 4KO, SO^3 + 6AzH^4O, SO^3 + 12CO$$

$$At : C^6Az^6FeK^4 + 6SO^4H^2 + 6H^2O = 2SO^4K^2 + 3SO^4(AzH^4)^2 + SO^4Fe + 6CO$$

2° *Par l'acide oxalique et l'acide sulfurique.* — On introduit dans un ballon de l'acide oxalique avec un excès d'acide sulfurique ; on met ce ballon en communication avec le gazomètre et on chauffe : il se dégage un mélange d'acide carbonique et d'oxyde de carbone. On a eu soin de mettre un peu de potasse dans l'eau du gazomètre, afin que l'acide carbonique soit absorbé, à mesure qu'il y pénètre. Réaction :

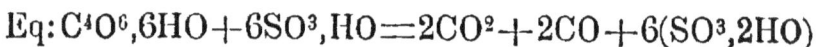

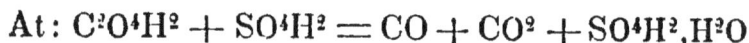

$$Eq : C^4O^6, 6HO + 6SO^3, HO = 2CO^2 + 2CO + 6(SO^3, 2HO)$$

$$At : C^2O^4H^2 + SO^4H^2 = CO + CO^2 + SO^4H^2, H^2O$$

PROPRIÉTÉS DE L'OXYDE DE CARBONE.

— **Combustion.** — On plonge une allumette enflammée dans une éprouvette d'oxyde de carbone, que l'on tient l'ouverture tournée vers le bas : le gaz prend feu et brûle avec une flamme bleue ; mais l'allumette s'éteint. Si on la retire lentement de l'éprouvette, elle se rallume en traversant la flamme du gaz.

Dissolution. — On fait dissoudre un peu de chlorure cuivreux dans l'acide chlorhydrique ; on introduit cette solution dans un verre à expériences, et on y fait barbotter l'oxyde de carbone : on remarque que le gaz est en partie absorbé.

ACIDE CARBONIQUE (CO^2, $d = 1,52$)

Préparations. — 1° *Par le bicarbonate de soude, et l'acide sulfurique.* — On met quelques pincées de bicarbonate de soude dans un verre à pied ; on ajoute un peu d'eau, puis quelques gouttes d'acide sulfurique ou d'acide chlorhydrique ; il se produit une vive effervescence, et il se dégage de l'acide carbonique. Réaction :

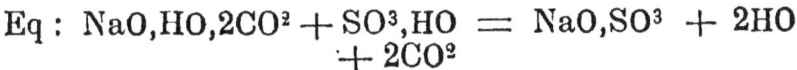

$$Eq :\ NaO,HO,2CO^2 + SO^3,HO = NaO,SO^3 + 2HO + 2CO^2$$

$$At:\ 2CO^3NaH + SO^4H^2 = SO^4Na^2 + 2H^2O + 2CO^2$$

On peut remplacer l'acide sulfurique par l'acide tartrique, qui est un solide blanc. On réduit en poudre le bicarbonate de soude et l'acide tartrique, puis on les mélange sur une assiette : il n'y a pas d'ac.... Mais, si l'on introduit le mélange dans un verre et que l'on ajoute de l'eau, l'action se produit : il y a une vive effervescence. Le résidu est du tartrate de soude qui a des propriétés purgatives.

2° *Par la craie et l'acide chlorhydrique.* — On introduit dans un ballon quelques fragments de craie, de l'eau et de l'acide chlorhydrique ; puis on le met en communication avec le gazomètre préparé préalablement. Réaction :

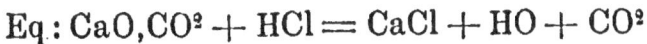

$$Eq : CaO,CO^2 + HCl = CaCl + HO + CO^2$$

$$At : CO^3Ca + 2HCl = CaCl^2 + H^2O + CO^2$$

PROPRIÉTÉS DE L'ACIDE CARBONIQUE.

— **Action sur l'eau de chaux.** — On adapte un tube doublement recourbé au ballon qui a servi à faire la préparation précédente ; puis on plonge l'extrémité de ce tube dans un verre contenant de l'eau de chaux : il se forme du carbonate de chaux, qui trouble l'eau. Si l'on continue à faire dégager l'acide carbonique dans cette eau, elle ne tarde pas à s'éclaircir ; car le carbonate de chaux insoluble se transforme en bicarbonate de chaux soluble. Si l'on introduit ensuite ce liquide dans un tube à essai et que l'on chauffe, la chaleur fait dégager l'excès d'acide carbonique : le liquide se trouble ; car le carbonate de chaux précipite de nouveau.

L'acide carbonique n'est ni comburant ni combustible. — On plonge une allumette enflammée dans une éprouvette d'acide carbonique : l'allumette s'éteint complètement et le gaz ne brûle pas.

Action sur le tournesol. — Dans une éprouvette d'acide carbonique, on verse de la teinture bleue de tournesol, qui passe au rouge vineux.

L'air des poumons contient de l'acide carbonique. — On plonge une des extrémités d'un tube droit dans un verre à pied contenant de l'eau de chaux, et l'on insuffle de l'air par l'autre extrémité du tube : l'eau se trouble rapidement, ce qui indique la formation de carbonate de chaux.

L'air atmosphérique contient de l'acide carbonique. — On met de l'eau de chaux dans un verre à pied et on l'abandonne à l'air : il ne tarde pas à se former, à la surface de l'eau, une pellicule de carbonate de chaux. Si l'on agite un peu le verre, cette pellicule tombe au fond, puis il s'en reforme une autre, et ainsi de suite.

Combustion du magnésium dans l'acide carbonique. — On plonge un fil de magnésium enflammé dans un flacon plein de gaz carbonique : ce fil continue à brûler avec plus d'éclat que dans l'air : l'acide carbonique est décomposé par le magnésium ; il se forme de la magnésie et de l'oxyde de carbone. On constate la présence de ce gaz en l'enflammant : il brûle avec une flamme bleue.

Caractère principal des carbonates. — On introduit dans un tube à essai quelques pincées de carbonate de soude ; on y ajoute un peu d'eau et d'acide chlorhydrique ; puis on ferme le tube à essai

avec un bouchon portant un tube doublement recourbé:
il se produit une vive effervescence. Si l'on plonge
l'eztrémité du tube à dégagement dans un verre
contenant de l'eau de chaux, cette eau est troublée.
Si l'on plonge ensuite l'extrémité du tube dans un
verre contenant de la teinture bleue de tournesol,
cette teinture est rougie. Donc le gaz qui se dégage
est de l'acide carbonique. Le sel ainsi traité est bien
un carbonate.

FORMÈNE (Eq : C^2H^4, At : CH^4, d = 0,55)

Préparation. — On mélange sur une assiette
quelques pincées de chaux vive avec un peu de
potasse ou de soude caustique et d'acétate de soude.
On introduit ensuite ce mélange dans un tube à
essai, puis on chauffe légèrement. Réaction :

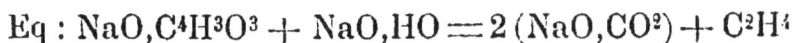

$$Eq : NaO,C^4H^3O^3 + NaO,HO = 2\,(NaO,CO^2) + C^2H^4$$
$$At : C^2H^3O^2Na + NaOH = CO^3Na^2 + CH^4$$

La chaux n'entre pas en réaction ; elle sert à maintenir le mélange intime.

Combustion. — On enflamme le gaz qui se dégage
à l'orifice du tube : il brûle avec une flamme peu
éclairante, en produisant de l'eau et de l'acide carbonique.

ETHYLÈNE (Eq : C^4H^4, At : C^2H^4, d = 0,97)

Préparation. — On introduit dans un ballon un
volume d'alcool et environ deux volumes d'acide
sulfurique ; on ajoute un peu de sable afin de retarder
le boursouflement, qui tend à se produire. On met
ensuite le ballon en communication avec le gazomètre,
puis on chauffe. Réaction :

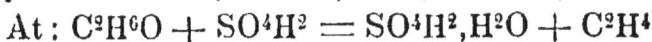

$$Eq : C^4H^6O^2 + 2(SO^3,HO) = 2(SO^3,2HO) + C^4H^4$$
$$At : C^2H^6O + SO^4H^2 = SO^4H^2,H^2O + C^2H^4$$

Remarque : Il se produit aussi un peu d'éther, dont
l'odeur révèle la présence, lorsqu'on récolte le gaz
sur la cuvette.

PROPRIÉTÉS DE L'ETHYLÈNE. — **Combustion.** — On enflamme une éprouvette de ce gaz et l'on constate qu'il brûle avec une flamme blanche très éclairante, en donnant de l'acide carbonique et de la vapeur d'eau.

Action du chlore. — On récolte un flacon de chlore comme il a été dit page 12, puis on introduit dans une éprouvette un volume d'éthylène et deux volumes de chlore ; on agite ce mélange pendant quelques instants, puis on y met le feu : il brûle avec une flamme rougeâtre, qui se propage graduellement jusqu'au fond de l'éprouvette ; il se forme de l'acide chlorhydrique et il se dépose une grand quantité de carbone.

Huile des Hollandais. — On introduit dans un flacon un volume de chlore et un volume d'éthylène ; puis on expose ce mélange à la lumière diffuse. On opère sur la cuvette contenant de l'eau. Il se forme peu à peu un liquide huileux, qui ne se mêle pas à l'eau et que l'on récolte dans une petite capsule, quand la réaction est terminée. On constate que ce liquide a une odeur agréable et qu'il brûle avec une flamme verte fuligineuse, lorsqu'on y met le feu.

GAZ DE L'ÉCLAIRAGE

Préparation succinte. — (*Voir distillation de la houille, page 62*).

Pression du gaz venant de l'usine. — On adapte à un bec de gaz un tube en caoutchouc, terminé par un tube droit en verre ; on plonge l'extrémité de ce tube verticalement dans une cuvette contenant de l'eau ; puis on ouvre le robinet du bec de gaz : la dépression de l'eau dans le tube indique la pression du gaz en colonne d'eau. Elle est ordinairement très faible.

Combustion. — Au moyen du tube qui a servi pour l'expérience précédente, on récolte une éprouvette de gaz que l'on enflamme : on constate que la flamme du gaz de l'éclairage est moins brillante que celle de l'éthylène.

Constation du degré d'épuration du gaz.

— 1° On met un peu d'eau de chaux dans un verre à pied puis on y fait barbotter le gaz : si l'eau de chaux reste claire, c'est une preuve que le gaz ne contient pas d'acide carbonique.

2° On met dans un verre à pied un peu d'une solution d'acétate de plomb ; on y fait barbotter le gaz comme dans l'expérience précédente. S'il contient de l'acide sulfhydrique, il se forme un précipité noir de sulfure de plomb.

FLAMME

Constitution. — Si l'on considère attentivement la flamme d'une bougie ou celle du bec de Bunsen, dont on a tourné la virole de manière à empêcher l'introduction de l'air dans l'appareil, on remarque, à l'extérieur, une région peu visible, à peine colorée, mais très chaude : la combustion y est complète ; puis une région éclairante où le carbone en excès est chauffé au rouge blanc ; enfin, au centre, une région sombre où la combustion est nulle. Si l'on écrase cette flamme avec une assiette, on obtient un dépôt noir de charbon provenant de la région moyenne : c'est ce charbon qui, chauffé au rouge blanc, rendait la flamme éclairante.

Si l'on introduit rapidement, dans la région centrale de la flamme, l'extrémité phosphorée d'une allumette, cette extrémité ne prend pas feu, tandis que la partie de l'allumette qui est dans la région extérieure ne tarde pas à s'enflammer.

Flammes éclairantes. — Une flamme est éclairante lorsqu'elle contient des corps solides en suspension et chauffés au rouge blanc.

La flamme ordinaire du bec de Bunsen et celle de

la lampe à alcool sont peu éclairantes. Si l'on introduit dans ces flammes une spirale de platine, ou si l'on y projette de la poussière de craie, elles deviennent éclairantes. Si l'on écrase avec une assiette la flamme ordinaire du bec Bunsen ou celle d'une lampe à alcool, il ne se forme pas de dépôt noir, ce qui montre que le carbone n'y est pas en excès.

Coloration des flammes. — On recourbe en boucle l'extrémité d'un fil de platine ; on trempe cette extrémité dans l'acide chlorhydrique, puis dans du chlorure de sodium finement pulvérisé. On l'introduit ensuite dans la flamme du bec de Bunsen, qui prend une coloration jaune.

On nettoie le fil en le trempant dans l'eau, puis on opère comme précédemment avec le chlorure de potassium : la flamme se colore en violet ; avec le chlorure de strontuim ou l'azotate de strontiane elle se colore en rouge ; avec le chlorure de baryum ou l'azotate de baryte elle se colore en vert ; avec le chlorure de calcium elle se colore en rose ; avec le chlorure de cuivre elle se colore en vert ; avec le sulfate de cuivre ammoniacal elle se colore en bleu.

Effet des toiles métalliques. — On écrase une flamme avec une toile métallique comme avec une assiette. Si l'on approche alors une allumette enflammée au-dessus de la toile métallique, les vapeurs combustibles qui l'ont traversée prennent feu.

SULFURE DE CARBONE (CS_2, d = 1,293)

PROPRIÉTÉS DU SULFURE DE CARBONE.
— **Odeur et Volatilité.** — On verse quelques gouttes de sulfure de carbone sur une assiette : le liquide s'évapore rapidement en répandant une odeur de choux pourris.

Froid produit par l'évaporation du sulfure de carbone. — On verse sur le dos de la main une goutte de sulfure de carbone, qui s'évapore rapidement en refroidissant la peau.

Le sulfure de carbone est un dissolvant. — On a déjà constaté qu'il dissout le phosphore (*voir page 56*), le soufre (*voir page 32*), l'iode (*voir page 20*).

On fait dissoudre un peu d'iode dans l'eau que contient un tube à essai ; puis on ajoute un peu de sulfure de carbone, qui va au fond du tube. On agite pendant quelques instants, puis on laisse reposer : les liquides se séparent ; on constate que l'eau est décolorée et que le sulfure de carbone est devenu rose. Il s'est donc emparé de l'iode que l'eau tenait en dissolution.

Combustion du sulfure de carbone. — On verse quelques gouttes de sulfure de carbone sur une assiette puis on l'enflamme : il brûle avec une flamme bleue, en donnant de l'acide carbonique et de l'acide sulfureux.

Un mélange de vapeurs de sulfure de carbone et d'oxygène forme un mélange détonant : il faut donc éviter d'approcher de l'ouverture du flacon une allumette enflammée.

Combustion d'un mélange de deutoxyde d'azote et de vapeurs de sulfure de carbone. — (*Voir page 18*).

CYANOGÈNE (Éq : C^2Az ou Cy, At : C^2Az^2 ou Cy^2

$$d = 1,80)$$

Préparation. — On introduit dans un tube à essai quelques cristaux de cyanure de mercure, puis on chauffe fortement : le cyanogène se dégage. Réaction :

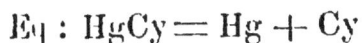

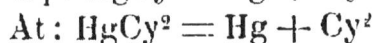

$$\text{Éq : } HgCy = Hg + Cy$$
$$\text{At : } HgCy^2 = Hg + Cy^2$$

Le mercure se condense en gouttelettes dans la partie supérieure du tube. Après l'opération on obtient un résidu brun qui est du paracyanogène, polymère du cyanogène.

Odeur. — Le gaz qui se dégage à l'ouverture du tube a une forte odeur de kirsch.

Combustion. — On enflamme le gaz à l'ouverture du tube : il brûle avec une flamme pourpre en donnant de l'acide carbonique et de l'azote.

ERRATA

Page *16*, ligne *12*, au lieu de :

$$SO,HO$$

Lisez : SO^3,HO.

Page *21*, lignes *16* et *17*, au lieu de :

$$CaFl + SO^4,HO = CaO,SO^4 + HFl$$
$$et\ CaFl^4 + SO^4H^4 = SO^4Ca + 2HFl$$

Lisez : $CaFl + SO^3,HO = CaO,SO^3 + HFl$
$$et\ CaFl^2 + SO^4H^2 = SO^4Ca + 2HFl.$$

TABLE DES MATIÈRES

St-Etienne, Imprimerie C. Lombard, rue de Lyon, 40.